Dominik Steinhauser

Hochstandbau

Sicherheit – Konstruktion – Wartung

Dominik Steinhauser

Hochstandbau

Sicherheit – Konstruktion – Wartung

ÖSTERREICHISCHER JAGD- UND FISCHEREI-VERLAG

INHALT

»«

Hinweis: Aus Gründen der leichteren Lesbarkeit wird in diesem Buch auf eine geschlechtsspezifische Differenzierung verzichtet. Im Sinne der Gleichbehandlung sind diese Bezeichnungen als nicht geschlechtsspezifisch zu betrachten, sondern schließen Männer und Frauen gleichermaßen mit ein.

Das vorliegende Buch wurde unter Einhaltung größtmöglicher Sorgfalt erarbeitet. Weder der Autor noch der Verlag können für allfällige Nachteile oder Schäden, die aus den im Buch vorgestellten Informationen resultieren, eine Haftung übernehmen.
Alle Angaben ohne Gewähr.

VORWORT

Er begegnet uns an Waldrändern, neben weiten Wiesen und Feldern oder springt uns am Rande eines Wanderweges ins Auge. In den verschiedensten Bauarten und Formen findet man ihn in nahezu allen Revieren. Bereits als Kind nehmen wir ihn als unverkennbares Symbol der Jagd wahr, und er ist das für jedermann sichtbare Symbol des Weidmannes: der Hochstand.

Der Hochstand ist aber weit mehr als ein bloßes Symbol oder ein Relikt aus vergangenen Tagen der Jägerei; er ist bis heute eine unverzichtbare Reviereinrichtung, die Jägerinnen und Jäger bei ihrem Handwerk unterstützt und auch schützt.

Der Bau eines Hochstandes stellt den Errichter aber immer wieder vor Schwierigkeiten. Es gilt, viele Aspekte zu beachten, wie die Übersicht auf dem gewählten Standort, um das Wild unbemerkt ansprechen zu können, das Wissen um die Gewohnheiten der im jeweiligen Gebiet lebenden Wildtiere, die Hauptwindrichtung am gewünschten Bauplatz, die Möglichkeit, unbemerkt auf- und abbaumen zu können, und ein ausreichender Kugelfang im geplanten Schussfeld.

Auch beim Errichten des Hochstandes selbst sind viele wichtige Fragen zu klären: Welche Größe braucht der Ansitz, um einen bequemen Platz und ausreichend Auflage für einen sicheren Schuss zu bieten? Welches Material soll verwendet werden, um den konkreten Anforderungen am ehesten zu entsprechen? Wie verbindet man die einzelnen Bauteile so, dass ein möglichst hohes Maß an Sicherheit gewährleistet werden kann? Wie sichert man den Hochstand gegen ein Abrutschen und einen Einsturz? Kann man Bäume zuhilfenehmen, oder eignet sich ein frei stehender Hochstand? Welche Vorteile bietet eine geschlossene Bauform, und benötigt man am gewählten Platz eine Überdachung oder einen Sichtschutz?

Oft werden diese und weitere sicherheitstechnische Fragen erst nach Unfällen gestellt, wenn es im Rahmen von Gutachten um die Klärung einer etwaigen Schuldfrage geht. Zur Erhöhung der eigenen Sicherheit bei der Jagdausübung und damit Ihr Hochstand einem solchen Gutachten standhält, lohnt es sich also, sich diese Fragen schon vor bzw. beim Bau zu stellen. Wer sich die richtigen Gedanken macht, kann die Gefahr von Unfällen minimieren und wirkt einem negativen Ausgang eines Gutachtens von vornherein entgegen.

In den letzten Jahrzehnten sind bereits einige Bücher zum Thema Hochstand geschrieben worden. Ein Werk, das sich aber neben den klassischen Fragen rund um den Bau auch mit wichtigen Neben- und Begleitthemen beschäftigt, ist in dieser Art einzigartig. So bezieht

dieses Buch, das Sie in Ihren Händen halten, sämtliche rechtliche Rahmenbedingungen und Erfahrungen aus der Bauwirtschaft mit ein und beleuchtet auch neue Formen von Reviereinrichtungen, wie beispielsweise den Klettersitz. Es spielen nicht nur jagdliche Überlegungen, sondern auch sicherheitstechnische Aspekte eine Rolle. Durch diesen alle Bereiche abdeckenden Blick auf den Hochstand und alle seine Facetten verschafft dieses Buch nicht nur einen Überblick, sondern dient als umfassendes Nachschlagewerk für sämtliche Fragen zum Thema Hochstand. Von der Suche des richtigen Platzes über die notwendigen Materialien und Werkzeuge bis hin zur Wartung und Instandhaltung lässt es keine Frage offen.

Dominik Steinhauser vereint durch seine jahrelange Erfahrung als Jäger, seine Berufsausbildung als Bauingenieur und seine Tätigkeit als gerichtlich beeideter Sachverständiger für Hochstandbau, der schon bei einer Vielzahl einschlägiger Gerichtsverhandlungen hinzugezogen wurde, die verschiedensten Blickwinkel. Zu seiner Fachexpertise zu Materialien und Bauweisen kommen seine Kenntnis von der praktischen Bedeutung des Hochstandes in der Jagd und sein Blick für bekannte Schwachpunkte hinzu. Möglichen Gefahrenquellen kann so von vornherein richtig begegnet werden, um zur Unfallprävention beizutragen. In verständlicher Sprache und unterstützt von vielen Darstellungen zeichnet der Autor ein allumfassendes Bild, wie es in dieser Form bis heute noch nirgends zu finden war. So hat dieses Buch zweifelsfrei das Potenzial, *das* Standardwerk für die fach- und sachgerechte Errichtung sowie die weitere Instandhaltung von Hochständen zu werden.

Ich wünsche Ihnen viel Freude beim Lesen dieses Buches und viel Erfolg bei der praktischen Umsetzung im Revier!

Mag. Sylvia Scherhaufer,
Geschäftsführerin NÖ Jagdverband

DURCHBRUCH

Ich erinnere mich noch genau an diesen einen Morgen, so, als wäre er gestern gewesen. Voller Vorfreude waren ein langjähriger Freund, dessen Vater und ich vor Sonnenaufgang in ihrem Revier zur Rehbockjagd verabredet. Mir wurde ein Hochstand zugeteilt, auf dem schon länger niemand mehr gesessen war. Mit dem Allrad ging es in die Nähe der besagten Reviereinrichtung, und nach einem kurzen Fußmarsch war ich auch schon an meinem Ziel angekommen. Wir waren sehr zeitig dran, weshalb es auch noch sehr dunkel war. Die Konturen des Hochstandes zeichneten sich dennoch gegen den Morgenhimmel scharf ab. „Rauf geht's", dachte ich mir, und als ich meinen Fuß auf die erste Sprosse setzte, merkte ich im selben Augenblick, dass an ihr sprichwörtlich der Zahn der Zeit genagt hatte. Hier dürfte wohl tatsächlich längere Zeit niemand mehr vorbeigekommen sein. Aber meiner Jungjägereuphorie folgend, wollte ich um alles auf der Welt auf diesen Hochstand hinauf. Keinen Gedanken habe ich damals daran verschwendet, aus Vernunft diese desolate „Revierleiche" nicht weiter hinaufzuklettern. Bei den weiteren Sprossen stieg ich dann schon weiter außen direkt auf die Verbindungsstelle zum Holm, da ich dort zumindest etwas besseren Halt vermutete. Als ich tatsächlich oben ankam, war die Tortur des waghalsigen Aufstiegs bereits vergessen, und ich konzentrierte mich darauf, die Kanzel möglichst leise zu betreten.

Nach dem Öffnen der Tür stellte ich meine Jagdbüchse in der Kanzelecke ab und stieg in die Kanzel ein. Plötzlich riss es mir den Boden unter den Füßen weg. Begleitet von einem lauten Krachen ging es im Bruchteil einer Sekunde abwärts ins finstere Nichts. Ich versuchte, mich noch irgendwie festzuhalten, indem ich meine Arme reflexartig weit ausstreckte. Und tatsächlich schaffte ich es, mich ans Sitzbrett zu klammern und konnte in letzter Sekunde einen Totalabsturz verhindern. Meine Füße baumelten nun unter dem durchgebrochenen Hochstandboden. Das war aber nicht weiter das größte Problem, denn ich hatte nicht das Gefühl, mich bei diesem Unfall schwer verletzt zu haben. Viel kritischer war der Umstand, dass meine Jagdbüchse durch den durchgebrochenen Hochstandboden gerutscht war und sich auf dem Weg Richtung Boden befand. Ich kauerte mich in dieser verkrampften Lage gedanklich noch weiter zusammen und hoffte, dass die Sicherung beim Aufprall auf dem Waldboden nicht nachgeben und sich kein Schuss lösen würde. Ein dumpfes Geräusch erklang und - nichts. Gott sei Dank! Voller Erleichterung schnaufte ich einmal durch. In weiterer Folge befreite ich mich aus meiner misslichen Lage und kletterte die in die Jahre gekommene Leiter „wie auf rohen Eiern" hinunter.

Im voranschreitenden Sonnenaufgang zeigte sich der Unfallschauplatz nun nach und nach. Die Leitersprossen waren mehr als desolat und von großen Rissen gezeichnet. Im Nachhinein wurde mir erst bewusst, in welchem absolut gefährlichen Zustand die Leiter tatsächlich war. Der durchgebrochene Kanzelboden war jedoch um nichts besser. Aufgrund des nicht vorhandenen Daches der offenen Kanzel waren die Bodenbretter Wind und Wetter schutzlos ausgeliefert. Unterm Strich kam ich mit ein paar Schürfwunden und dem Schrecken davon. Der Schreck war übrigens auch meinen beiden Jagdfreunden ins Gesicht geschrieben, als sie mich abholten.

Bis heute denke ich noch vor so manchem Leiteraufstieg instinktiv an dieses Ereignis, derart tief hat es sich in mein Unterbewusstsein eingebrannt. Seit mehreren Jahren bin ich nun Bauingenieur und verfasse Artikel für das Jagdmagazin „Österreichs Weidwerk" zum Thema Hochstandbau. Auf Jagdmessen halte ich zu diesem Themenbereich Vorträge. Des Weiteren bin ich als gerichtlich beeideter Sachverständiger für Hochstandbau tätig. Es ist mir ein besonderes Anliegen, den Jägerinnen und Jägern konstruktive sowie praktische Tipps und Tricks für den Hochstandbau anzubieten, um damit einen Beitrag zur Sicherheit bei der Jagd zu leisten. Immerhin können dadurch Unfälle bereits im Vorfeld vermieden werden. Unfälle, die schwerwiegende Folgen nach sich ziehen können - von Prellungen über Knochenbrüche bis hin zur Querschnittslähmung oder zum Tod. Vor allem Abstürze aus entsprechender Höhe enden oftmals tragisch. Nach solch einem Unfall kann sich das Leben gravierend ändern. Also sorgen wir für Sicherheit im Jagdbetrieb - mit sicheren Hochständen. Der Jagderfolg lässt sich somit für mich persönlich nicht nur anhand der Beute und des Erlebnisses messen, sondern auch, ob man wieder sicher zu Hause im Kreis der Familie angekommen ist. Eben eine andere Art des Erfolges - wahrscheinlich aber die wichtigste.

In der Regel bieten Literaturquellen für den Hochstandbau zahlreiche 1:1-Bauanleitungen für Ansitzleiter, Kanzel & Co. Genau das ist aber nicht das primäre Ziel des vorliegenden Buches. Jägerinnen und Jäger sind derart individuell in ihrem jagdlichen Handeln, ihrer jagdlichen Strategie und ihren jagdlichen Ansichten, dass auch ihre Reviereinrichtungen dementsprechend individuell gestaltet sind. Zudem sind am Holzlagerplatz auch nicht immer genau die in der 1:1-Bauanleitung beschriebenen Bauteile verfügbar. Des Weiteren ist auch jeder Aufstellungsort anders und braucht einen darauf angepassten Hochstand, um von dort aus optimal jagen zu können. Mit diesem Buch verfolge ich das Ziel, die Sicherheit beim Hochstandbau in den Fokus zu rücken. Getreu dem Motto: „Die Konstruktionssicherheit von Hochständen verstehen und individuell umsetzen können". Diese beginnt bei der Wahl der richtigen Materialien sowie Querschnitte und reicht über die richtige Bauteilanordnung bis hin zur regelmäßigen Sicherheitsüberprüfung. Dabei wird die Wirkungsweise von einzelnen Verbindungsmitteln genauso unter die Lupe genommen, wie beispielsweise die unterschiedlichen Möglichkeiten an Windsicherungen oder Varianten beim Bau der Leiter. Außerdem beschreibe ich optimale Standardabmessungen von Hochständen, welche allein schon einen wesentlichen Beitrag zu einem erfolgreichen Treffer leisten. Dieses Buch ist geschmückt mit zahlreichen Anhaltspunkten, Empfehlungen und einfachen Lösungen aus der Revierpraxis und bietet Ihnen ein breites Spektrum an Umsetzungsideen an, damit Sie daraus Ihren ganz individuellen Hochstand mit höchster Konstruktionssicherheit zusammenstellen können. Bedienen Sie sich!

Ergänzende Themenbereiche, wie die häufigsten Hochstandtypen, die rechtliche Situation, die Belastungen auf Hochstände, die strategische Positionierung im Revier oder der Geräteeinsatz, runden dieses umfangreiche Kompendium des Hochstandbaus ab. Den Abschluss bieten Porträts einzelner Hochstandtypen, worin auch ausgewählte Konstruktionen mit einer beispielhaften Schritt-für-Schritt-Anleitung versehen wurden.

Ich wünsche Ihnen viel Vergnügen und gute Unterhaltung beim Lesen sowie viel Erfolg für Ihren unfallfreien und sicheren Hochstandbau. Weidmannsheil!

Ihr Dominik Steinhauser

UNTERSCHÄTZTE GEFAHR

Jäger verbringen viel Zeit auf ihren Hochständen, den „natürlichen Wohnzimmern“. So, wie jedes Wohnzimmer nach den persönlichen Bedürfnissen des Besitzers eingerichtet ist, gestalten auch Jäger ihre Hochstände individuell. Dabei sind der Kreativität keine Grenzen gesetzt. Ob Bodensitz oder Himmelsleiter, ob aus Holz oder Metall – alles ist möglich. Aber: Unterm Strich unterliegen alle Hochstände einem gemeinsamen Nenner – der konstruktiven Sicherheit.

Der größte und komfortabelste Hochstand ist nichts wert, wenn er sich kurz vor dem Einsturz befindet. Ganz im Gegenteil; von ihm geht eine nicht zu unterschätzende Unfallgefahr aus, für die der Jagdausübungsberechtigte im Schadensfall zur Verantwortung gezogen werden kann. Passiert ein Unfall, können die Folgen von Schürfwunden, Prellungen oder Knochenbrüchen bis hin zur Querschnittslähmung oder gar zum Tod reichen. Es genügt bereits ein Absturz aus geringer Höhe (etwa aus einem Meter) in ungünstiger Rückenlage, und das Leben nimmt von einem Tag auf den anderen eine radikale Wende. Diesem Gefahrenpotenzial müssen sich Jäger beim Hochstandbau bewusst sein.
Hochstände beherbergen allein schon aufgrund ihrer Konstruktionsform ein entsprechendes Risiko. Sie sind in der Regel mehrere Meter hoch und bestehen häufig aus Holzbauteilen. Holz ist ein natürliches Material und unterliegt dem Verwitterungsprozess. Über Risse kann Wasser ins Innere eindringen, und das Holz wird morsch. Auch wenn die Holzoberfläche auf den ersten Blick intakt erscheint, kann im Inneren schon die versteckte Gefahr des Materialversagens lauern. Noch dazu sind Reviereinrichtungen tagein, tagaus der Witterung ausgesetzt. Dies entspricht einer wechselnden Dauerbelastung zwischen Kälte, Hitze, Regen, Schnee und dergleichen. Auf diese Belastungen müssen unsere Hochstände ausgelegt und mit entsprechend starken Bauteilen ausgestattet sein, um stets eine sichere Benutzung zu gewährleisten.

Spricht man am Stammtisch über das Thema Hochstand, kennt fast jeder jemanden, der bereits eine gefährliche Situation erlebt hat. Sei es, dass eine Sprosse beim Leiteraufstieg gebrochen ist oder der Kanzelboden nachgegeben hat. Auch wackelige Kanzelböcke durch abgefaulte Hauptstützen oder instabile Podestgeländer sind immer wieder Bestandteil angeregter Diskussionen. Des Öfteren ist auch von Hochständen die Rede, die aufgrund fehlender Windsicherungsmaßnahmen von Starkwinden umgeworfen wurden. Man möchte sich nicht ausmalen, wie es ist, wenn man sich in der zu Boden rasenden Kanzel aufhält.

Das sind jedoch lediglich jene Ereignisse, die bekannt sind – die Dunkelziffer ist um ein Vielfaches höher. Wir müssen uns nur vor Augen halten, wie viele Reviereinrichtungen im eigenen Revier auf zum Beispiel 100 ha stehen, um eine Bezugsgröße zu erhalten. Bedenkt man nun, dass die jagdliche Fläche allein in Niederösterreich knapp 1,9 Mio. Hektar beträgt, ergibt sich hochgerechnet eine gewaltige Anzahl an Hochständen in ganz Österreich. Wäre davon auch nur ein kleiner Anteil fehlerhaft und nicht mehr völlig intakt, ergäbe das ein nicht zu unterschätzendes Gefährungs- und Unfallpotenzial! Anders gesagt: Wir Jäger tragen eine große Verantwortung, dass unsere Hochstände sicher gebaut und auch sicher erhalten werden.

Die Sicherheit muss beim Hochstandbau stets oberstes Ziel sein. Dabei gilt es, nicht nur während der Errichtung auf die Sicherheit der Beteiligten zu achten, sondern den Hochstand auch über seine Lebensdauer hinweg in einem sicheren Zustand zu halten. Dabei ist die regelmäßige Sicherheitsüberprüfung essenziell. Es ist daher wichtig, ein Bewusstsein für die Gefahren zu entwickeln, die von einer nicht mehr intakten Reviereinrichtung ausgehen können, denn: Jeder Unfall ist einer zu viel!

SWAROVSKI
elch
elch

WARUM BAUEN WIR HOCHSTÄNDE?

Wozu bauen wir Hochstände? Diese Frage ist gar nicht so unberechtigt. Immerhin sind einige Stunden an Zeit zu investieren, bis ein Hochstand im Revier aufgestellt und benutzbar ist. Auch der Material- und Geräteaufwand, vor allem beim Transport ins Revier bis zum endgültigen Aufstellungsort ist nicht zu unterschätzen. Unterm Strich kostet so mancher Hochstand nicht wenig Geld und Zeit. Trotzdem sind in unserer Landschaft sehr viele davon zu finden.

Jäger nutzen verschiedene Jagdarten. Bei Riegeljagden können etwa mit einer entsprechenden Anzahl an Jagdteilnehmern innerhalb weniger Stunden tagsüber beachtliche Strecken erzielt werden. Hierfür braucht es Schützen, die mit ihrer Büchse auch auf flüchtiges Wild in den häufigsten Fällen stehend frei oder vom Jagdstock aus saubere Treffer abgeben können. Die Schussdistanzen auf Riegeljagden sind dementsprechend eher kürzer, und die Trefferquoten liegen im Durchschnitt zwischen 1:5 bis 1:3 (Anzahl der abgegebenen Schüsse pro erlegtem Stück Wild). Eine weitere Jagdart stellt die Birsch dar, auf der der Jäger versucht, sich möglichst unerkannt durchs Revier zu bewegen, um passendes Wild auszumachen und zu erlegen. Geschossen wird dabei aus alternativen Schießpositionen, wie zum Beispiel kniend, über den Birschstock oder stehend an einem Baum angestrichen. Die Schussentfernung korreliert mit den Schießpositionen und ist eher im kurzen bis mittleren jagdlichen Distanzbereich angesiedelt.

Zumeist wählen Jäger jedoch die Ansitzjagd, bei der sie von Hochständen aus jagen. Sie tun das nicht ohne Grund, denn es sprechen viele Gründe für diese Jagdart. So bieten Hochstände aufgrund ihrer erhöhten Schießposition zumeist entsprechenden Kugelfang, welcher für jeden Schuss zwingend erforderlich ist, um eine Hinterlandgefährdung auszuschließen. Auch der Einblick ins Gelände ist von erhöhten Standorten einfacher, vor allem bei höherer Vegetation. Durch die stabile Schießauflage für den sitzend aufgelegten Schuss können geübte Jäger auch auf größere Distanzen verantwortungsbewusst und mit höchster Trefferwahrscheinlichkeit agieren. Zudem wird die Möglichkeit geboten, vertrautes Wild auch auf weitere Distanzen und auf längere Zeit zu beobachten. Durch geschlossene oder verblendete Hochstandkonstruktionen bleiben Jäger vom Wild möglichst unerkannt, sofern sie schlechte Windverhältnisse oder unnatürliche Geräusche nicht verraten. Letzten Endes bieten Hochstände einen entsprechenden Witterungsschutz, damit Jäger auch bei eher ungemütlichen Wetterbedingungen (Kälte, Schnee, Regen, Wind usw.) ihrem Weidwerk bestmöglich nachkommen können.

VORTEILE VON HOCHSTÄNDEN

- erhöhte Sitzposition mit besserem Einblick ins Gelände
- besserer Kugelfang durch stumpferen Auftreffwinkel der Kugel
- Sichtschutz
- Witterungsschutz
- stabile Auflage (aufgelegter Schuss)
- bestenfalls ist der Jäger „aus dem Wind“

COOLE TYPEN

HÄUFIGE VARIANTEN

Ist der Bau eines Hochstandes an einem bestimmten Ort geplant, stellt sich zu allererst die Frage nach der Wahl des passenden Hochstandtyps. Entsprechend der jagdlichen Anforderungen und in Abhängigkeit der örtlichen Gegebenheiten steht Jägern für ihr Revier eine große Bandbreite unterschiedlicher Hochstandtypen als Ansitzeinrichtungen zur Verfügung, die in diesem Buch dem Begriffstitel „Hochstände“ zugeteilt werden.

Welcher Hochstandtyp letztlich am ausgewählten Ort errichtet wird, hängt im Wesentlichen von mehreren Entscheidungsfaktoren, wie Bauaufwand (Materialien, Zeit und Geräte), Erreichbarkeit des Aufstellungsorts, Witterungsschutz des Jägers oder Mobilität der Jagdeinrichtung, ab.

Während etwa eine geschlossene Kanzel in der Regel für einen längeren „Wirkungszeitraum“, der nicht selten über viele Jahre oder sogar Jahrzehnte reicht, konstruiert wird, ist die Ansitzleiter oder der Bodensitz (Schirm) für einen raschen und meist vorübergehenden Einsatz prädestiniert (etwa, um auf Schadflächen für punktuellen Jagddruck zu sorgen).

Die Wahl des Hochstandtyps hängt von mehreren Faktoren ab, wie Bauaufwand, Erreichbarkeit des Aufstellungsorts, Witterungsschutz, Mobilität usw.

- **1** *geschlossene Kanzel*
- **2** *offene Kanzel*
- **3** *Riegeljagdhochstand*
- **4** *Baumsitz*
- **5** *mobile Kanzel*
- **6** *Ansitzleiter*
- **7** *Bodensitz bzw. Schirm*

GESCHLOSSENE KANZELN

Geschlossene Kanzeln (siehe Bild) bieten sicherlich den größten jagdlichen Komfort. Durch ihre geschlossene und witterungsgeschützte Bauweise sind sie winddicht und bleiben somit im Inneren stets trocken. In einer solchen Kanzel lassen sich auch längere Winternachtansitze halbwegs bequem aushalten. Durch die geschlossene Bauweise bleiben die Bewegungen des Jägers - abgesehen von jenen, die durch die Fenster sichtbar sind - de facto unerkannt. Zudem haben Wespen, Hornissen oder andere Insekten keine Möglichkeit, das windstille und geschützte Kanzelinnere aufzusuchen, um dort ihr Nest zu bauen - vorausgesetzt, die Konstruktion ist frei von Spalten.

Manche geschlossenen Kanzeln (sogenannte „Schlafkanzeln") sind in ihrer Dimension etwas größer und mit einer Schlafmöglichkeit ausgestattet. Selbstverständlich bindet der Bau einer geschlossenen Kanzel samt Kanzelbock den größten Ressourceneinsatz hinsichtlich Materialien, Zeit und Geräte. Durch ihre in der Regel robustere Bauweise sind geschlossene Kanzeln vorwiegend dafür konzipiert, für eine längere Zeit (Jahre oder sogar Jahrzehnte) an einem festen Ort zu verbleiben. Nachdem geschlossene Kanzeln in der Regel nicht am späteren Aufstellungsort gebaut, sondern mit schwerem Gerät (Traktor oder Lkw) dorthin transportiert werden, sollten vorab die Zufahrtsmöglichkeiten geprüft werden.

OFFENE KANZELN

Offenen Kanzeln fehlen im Vergleich zu ihren geschlossenen Vettern in der Regel die verschließbaren Fenster, weswegen sie auch nicht dicht sind. Der Witterungsschutz des Jägers wird lediglich durch das Dach und die vorhandenen Kanzelwände erreicht. Bei stärkerem Wind oder kälteren Temperaturen kann ein Ansitz schon einmal unangenehm werden. Auch mit Nestern von Insekten, wie Wespen oder Hornissen, an der Dach-, Schießbrett- oder Sitzbrettunterseite muss gerechnet werden. In puncto Erreichbarkeit des Aufstellungsorts und Mobilität gilt Ähnliches wie für geschlossene Kanzeln.

RIEGELJAGDHOCHSTÄNDE

Riegeljagdhochstände sind zumeist offene Hochstände, die ohne Dach ausgestattet sind. Diese Hochstandform ist insbesondere für Bewegungsjagden auf Schalenwild (Riegeljagden) sehr beliebt, da ein 360°-Schwingen mit der Büchse ohne Hindernisse (zum Beispiel Hauptstütze) möglich ist. Riegeljagdhochstände sind in der Regel der Witterung (Regen, Schnee, Wind) schutz-

Wer das Sitzbrett nach der Jagd auf Hochständen ohne Dach senkrecht aufstellt, findet beim nächsten Mal ein halbwegs trockenes Sitzbrett vor, auch wenn es zuvor etwas geregnet oder geschneit hat. Eine zusätzliche Sitzunterlage (etwa aus Filz) sorgt für ein angenehmes und trockenes Sitzen.

los ausgeliefert, was deren Lebensdauer entsprechend verkürzt. Werden diese Riegeljagdhochstände auch über das Jahr benutzt, bedeutet einsetzender Regen zumeist das Ende eines Ansitzes. Dieser Hochstandtyp kann zumeist aufgrund seines überschaubaren Gewichts mit einem handelsüblichen Pkw-Anhänger ins Revier transportiert und anschließend zu zweit oder zu dritt aufgestellt werden. Durch seine kompakte Konstruktionsform kann er rasch demontiert und an anderer Stelle aufgebaut werden.

BAUMSITZE

Baumsitze stellen in der Regel Ansitzmöglichkeiten dar, die direkt in Baumkronen oder starken Ästen platziert oder mit mehreren Bäumen verbunden sind. Baumsitze sind der Tatsache ausgesetzt, dass nicht nur bei Wind, sondern auch durch das natürliche Wachstum der Bäume Zwänge und Belastungen entstehen, die auf Dauer die Stabilität der Konstruktion beeinträchtigen. Die Aufstiegsleiter ist zumeist kein tragender Bauteil. Je nach Ausführung verfügen Baumsitze manchmal über ein Dach, dass sie vor Witterungseinflüssen schützt. Bei der Errichtung hoch oben in den Baumkronen ist besondere Vorsicht geboten und eine entsprechende Eigensicherung unumgänglich.

MOBILE KANZELN

Mobile Kanzeln sind zumeist geschlossene Kanzeln auf einem fahrbaren Untersatz mit Anhängerkupplung, um möglichst mobil zu sein, jedoch auf den witterungsgeschützten Komfort nicht verzichten zu müssen. Mobile Kanzeln werden vom Zugfahrzeug (zum Beispiel Traktor oder Pkw) direkt zum Aufstellungsort gebracht, weshalb auch hier auf eine entsprechende Zufahrtsmöglichkeit zu achten ist.

ANSITZLEITERN

Ansitzleitern verfügen für gewöhnlich über eine Leiter, die zu einer Sitzfläche führt, welche wiederum ringsherum mit einer Absturzsicherung (auch als Gewehrauflage dienend) gesichert ist und von einer Unterkonstruktion stabilisiert wird. Die Ansitzleiter ist an einem Baum befestigt. Eine besondere Form der Ansitzleiter stellt die Scherenleiter dar, welche nicht an einen Baum montiert, sondern frei stehend ausgeführt wird. Nomen est omen: Sie hat die Form einer Schere. Der Bauaufwand in Bezug auf Materialien, Zeit und Geräte ist überschaubar. Aufgrund ihrer Unabhängigkeit von schwerem Gerät bei der Errichtung und beim Aufstellen werden Ansitzleitern gerne in schwer zugänglichen Gebieten errichtet. Am Markt sind zahlreiche mobile Ansitzleitern aus Metall

Für einen stabilen und wackelfreien Stand sollten mobile Kanzeln mit ausfahr- und verstellbaren Stützen ausgestattet sein.

erhältlich, die im Handumdrehen montiert und damit als flexible Jagdeinrichtungen äußerst beliebt sind. Ist ein Brunftbock ausgemacht und eine entsprechende Jagdeinrichtung fehlt, kann in kurzer Zeit eine mobile Ansitzleiter montiert und einsatzbereit gemacht werden. Entsprechend der aufgelösten Konstruktionsform ohne Dach ist der Jäger den Witterungseinflüssen ausgesetzt und kann bestenfalls vom Blätterdach des rückwärtigen Baumes geschützt werden. Durch die in der Regel fehlende Verblendung sollte mit Bewegungen sehr sorgsam umgegangen werden, um vom Wild nicht erkannt zu werden.

Beim Aufstellen eines Bodensitzes bzw. Schirmes ist auf einen ausreichenden Kugelfang zu achten. Kugelfang ist ausschließlich gewachsener Boden.

BODENSITZE

In einem Bodensitz bzw. Schirm wird namensgebend vom Bodenniveau aus gejagt. Damit kann in der Ebene das Gelände nicht so gut eingesehen werden, und Kugelfang ist nur auf kurze Distanzen oder auf Gegenhängen gegeben. Deshalb werden Bodensitze gerne auf Anhöhen positioniert, und durch ihre aufgelöste Bauweise sind sie zudem rasch aufgestellt. Der Bauaufwand ist der geringste unter allen Hochstandtypen. Sie sind speziell in gebirgigem Gelände sehr beliebt, vor allem dann, wenn Zufahrtsmöglichkeiten eingeschränkt sind. Bodensitze verfügen in der Regel über kein Dach, weswegen kein Witterungsschutz von oben gegeben ist. Sie werden gerne mit Tarnnetzen oder Ästen (beispielsweise von Schirmfichten) verblendet, um optisch mit der Natur zu verschmelzen. Nachdem sich Jäger in Bodensitzen auf gleichem Höhenniveau wie das Wild befinden, ist mit Bewegungen sparsam umzugehen, um keine Aufmerksamkeit zu erregen. Auch die Windverhältnisse sind vor und während der Jagd stets im Auge zu behalten.

Bodensitze werden gerne auf Anhöhen positioniert, und durch ihre aufgelöste Bauweise sind sie zudem rasch aufgestellt.

ALLES, WAS RECHT IST

RECHTLICHES ZUM HOCHSTANDBAU

An dieser Stelle werden rechtlich relevante Themenbereiche erläutert, die für den Hochstandbau interessant sind. Jagd ist in Österreich Landessache. Entsprechend der neun Bundesländer gibt es auch neun Jagdgesetze. In diesem Buch liegt das Hauptaugenmerk hinsichtlich der rechtlichen Situation auf dem Bundesland Niederösterreich (NÖ). In diesem Bundesland ist in Bezug auf Österreich aktuell knapp ein Drittel der Jagdkarten gelöst (35.400 von etwa 130.000). Die Unterschiede zu anderen Bundesländern sind jedoch - falls überhaupt - sehr gering. Ein dezidierter Blick in das jeweilige Landesjagdgesetz ist allerdings unbedingt zu empfehlen.

JAGDRECHT

Gemäß §4 Abs. 1 NÖ Jagdgesetz (NÖ JG) ist das Jagdrecht untrennbar mit dem Eigentum an Grund und Boden verbunden. Es besteht in der ausschließlichen Befugnis, innerhalb eines bestimmten Jagdgebietes in freier Wildbahn und in Wildgehegen dem Wild nachzustellen, es zu fangen, zu erlegen und sich anzueignen (§1 Abs. 1 NÖ JG). Der Jagdübungsberechtigte darf deshalb als Inhaber des Jagdrechts nicht automatisch Anlagen für den Jagdbetrieb aufstellen. Dafür benötigt er die Zustimmung des Grundeigentümers (§88 Abs. 1 NÖ JG).

Genauer gesagt, sind hierbei unter Anlagen für den Jagdbetrieb Wildzäune, Jagdhütten, ständige Ansitze, Futterstellen, Jagdsteige u. dgl. zu verstehen. Stimmt der Grundeigentümer der Errichtung einer jagdlichen Anlage nicht zu, obwohl diese etwa für eine wirksame Wildschadensbekämpfung unbedingt notwendig ist, kann die Bezirksverwaltungbehörde ausnahmsweise die Genehmigung für die Errichtung trotzdem erteilen, sofern dem Grundeigentümer der Sachlage nach die Duldung der Anlage zugemutet werden kann. In diesem Fall steht dem Grundeigentümer eine angemessene Entschädigung zu, die von der Behörde zu bemessen ist. Derartige, von der Behörde bewilligte Jagdeinrichtungen sind dem Jagdnachfolger auf sein Verlangen gegen eine angemessene Entschädigung zu überlassen, sofern darüber keine abweichende vertragliche Vereinbarung vorliegt.

Das Aufstellen eines Hochstandes bedarf der Zustimmung des Grundeigentümers.

BAUBEHÖRDLICHE GENEHMIGUNG

Hochstände werden in der NÖ Bauordnung (NÖ BO) dezidiert als bewilligungs-, anzeige- und meldefreie Vorhaben angeführt (§17 Ziffer 9 NÖ BO). Somit ist der Hochstandbau vom Geltungsbereich der NÖ BO ausgenommen (§1 Abs. 3 Ziffer 6 NÖ BO). Demzufolge ist für das Aufstellen eines Hochstandes keine baubehördliche Genehmigung einzuholen, unabhängig davon, ob ein Bodensitz oder eine geschlossene Kanzel auf einem mächtigen Kanzelbock errichtet wird.

Zu beachten ist dabei, dass die Hochstandkonstruktion nicht unter die Begriffe „Gebäude", „Bauwerk" oder „bauliche Anlage" fällt, welche gemäß §4 Ziffer 6 und 7 NÖ BO mit dem Boden kraftschlüssig verbunden sind und für deren fachgerechte Herstellung ein wesentliches Maß an bautechnischen Kenntnissen erforderlich ist. Unbestritten sind für die Errichtung von Hochständen gewisse bautechnische Kenntnisse erforderlich. Jedoch sind Hochstände vom Geltungsbereich der Bauordnung ausgenommen, wenn sie nicht den Charakter eines Gebäudes, sondern die typischen Elemente eines Hochstandes aufweisen.

Jagdhütten fallen im Vergleich dazu unter den Begriff des Gebäudes, weshalb eine Genehmigung der Baubehörde zusätzlich zur Zustimmung des Grundeigentümers einzuholen ist.

Diese Kanzel stellt eine eigene Einheit dar und ist deshalb als bewegliche Sache anzusehen. Sie bleibt im Eigentum des Jagdausübungsberechtigten. Der Kanzelbock gilt als unbewegliche Sache.

EIGENTUMSFRAGE: BEWEGLICHE UND UNBEWEGLICHE JAGDEINRICHTUNGEN

Es stellt sich folgende Frage: Wem gehört eigentlich der errichtete Hochstand? Auf den ersten Blick erscheint diese Frage trivial. Befasst man sich mit diesem Thema jedoch etwas näher, ergeben sich interessante und vor allem auch maßgebliche Erkenntnisse. Der aufgestellte Hochstand steht trotz der Zustimmung des Grundeigentümers nicht automatisch im Eigentum des Jagdausübungsberechtigten, auch wenn ihn dieser baut und zum definitiven Einsatzort bringt.

Das Allgemeine Bürgerliche Gesetzbuch (ABGB) trennt bewegliche Sachen von unbeweglichen. Dabei werden bewegliche jagdliche Einrichtungen, die ohne Verletzung ihrer Substanz von einer Stelle zur anderen versetzt werden können, als bewegliche Sachen angesehen (§298 ABGB). Das Eigentum an beweglichen Jagdeinrichtungen steht dem Jagdausübungsberechtigten zu, der diese erworben oder gebaut hat. Hierbei spielt es keine Rolle, auf welchem Grundstück sich die bewegliche Jagdeinrichtung befindet. Auch nach dem Pächterwechsel bleibt der Jagdausübungsberechtige Eigentümer und kann über seine beweglichen Jagdeinrichtungen verfügen (sie zum Beispiel entfernen, an den Folgepächter übergeben, verkaufen oder verpachten).

Der Eigentümer muss seine beweglichen Jagdeinrichtungen aus dem Revier entfernen, sofern keine Vereinbarung über die weitere Verwendung getroffen werden kann. Unter bewegliche Jagdeinrichtungen fallen beispielsweise mobile Kanzeln oder auch zerlegbare Hochstände. Ebenso können auch nur einzelne Hochstandbestandteile als beweglich angesehen werden, sofern diese eine eigene Einheit bilden. Hierunter fallen zum Beispiel Kanzeln, die aus montierbaren Einzelteilen bestehen und ohne Zerstörung des Kanzelbockes von diesem entfernt werden können. Somit steht der bewegliche Teil - in diesem Fall die Kanzel - jedenfalls im Eigentum des Jagdausübungsberechtigten. Der Kanzelbock, der mit dem Boden fest verbunden ist, stellt dabei eine unbewegliche Sache dar.

Unter unbewegliche Jagdeinrichtungen fallen jene, die fest mit dem Boden verbunden sind und ohne Verletzung ihrer Substanz

Mobile Kanzeln gelten als bewegliche Jagdeinrichtungen.

von einer Stelle zur andern nicht versetzt werden können. Dabei ist laut Rechtsprechung ein Fundament oder dergleichen nicht erforderlich, das bloße Gewicht der Konstruktion genügt schon. Bei unbeweglichen Jagdeinrichtungen besteht die Absicht, dass diese stets an Ort und Stelle verbleiben sollen. Liegt keine vertragliche Regelung zwischen dem Jagdausübungsberechtigten (Errichter) und dem Grundeigentümer vor, folgt die unbewegliche Jagdeinrichtung dem rechtlichen Schicksal des Grundstücks und fällt daher auch in das Eigentum des Grundeigentümers.

RECHTLICHE KLARSTELLUNG BEI ERRICHTUNG

Es zeigt schon, dass allein aus der rechtlichen Perspektive heraus bereits mit der Auswahl des jeweiligen Hochstandtyps die Eigentumsfrage wesentlich beeinflusst werden kann. Damit beim Pächterwechsel keine unangenehmen Streitigkeiten zwischen Grundeigentümer und Jagdausübungsberechtigtem entstehen, ist eine klare Vereinbarung zwischen beiden Parteien vor der Errichtung eines jeden Hochstandes zu empfehlen. Diese Vereinbarung gilt als mündlicher oder schriftlicher Vertrag, wobei zum Zwecke der Beweisbarkeit die schriftliche Form jedenfalls zu bevorzugen ist. Dabei sollten zumindest folgende Fragen abgeklärt werden:

» Stimmt der Grundeigentümer der Reviereinrichtung zu?
» Wer ist Eigentümer dieser Reviereinrichtung?
» Wer ist für die Erhaltung der Reviereinrichtung zuständig?

Werden zumindest diese Fragen betreffend der Zustimmung zur Errichtung, der Klärung des künftigen Eigentümers und der Zuständigkeit für die Erhaltung eindeutig beantwortet, sind keine Unannehmlichkeiten auf beiden Seiten zu befürchten. Ein verantwortungs- und respektvoller Umgang beider Parteien stellt selbstverständlich die Basis für eine gute Zusammenarbeit dar.

Diese Jagdeinrichtung gilt als unbeweglich, da Kanzelbock und Kanzel aufgrund der durchgehenden Hauptstützen keine eigenen Einheiten darstellen. Eine feste Verbindung mit dem Boden ist vorhanden.

HAFTUNGSFRAGE BEI JAGDFREMDEN PERSONEN

Unfälle bei der Benutzung von Hochständen können schwerwiegende Folgen nach sich ziehen. Bereits ein

Absturz aus geringer Höhe von zum Beispiel nur einem Meter kann im ungünstigsten Fall tödlich enden. Wie sieht die Rechtslage dazu aus? Wer haftet, wenn jagdfremde Personen zu Schaden kommen? Wer darf Hochstände benutzen? Haften Jagdausübungsberechtigte für ihre Hochstände?

Jagdfremde Personen dürfen ohne Bewilligung des Jagdausübungsberechtigten Jagdeinrichtungen nicht benützen (§88 Abs. 4 NÖ JG). Dafür ist auch keine gesonderte Beschilderung oder ein Verbotshinweis notwendig. Kommt es zu einem Unfall im Zusammenhang mit der Benützung eines Hochstandes, wird die Schuldfrage in Abhängigkeit von dessen Zustand beurteilt.

Verletzen sich jagdfremde Personen bei der (widerrechtlichen) Benutzung von ordnungsgemäß instandgehaltenen Jagdeinrichtungen, haftet der Eigentümer gem. §1313 ABGB grundsätzlich nicht. Anders sieht die Sache aus, wenn die Jagdeinrichtung technisch nicht mehr in Ordnung und somit schadhaft ist. Hierbei kann für den Jagdausübungsberechtigten bzw. den Errichter eine Haftung entstehen, sofern dadurch eine Person zu Schaden kommt. Dies könnte ein Mitverschulden durch das „Inkaufnehmen eines Schadens" bewirken. Wird ein Hochstand nur mit der Zustimmung des Grundeigentümers, aber ohne weitere vertraglich getroffene Vereinbarungen vom Jagdausübungsberechtigten errichtet und verwendet, ist dieser nach derzeitiger Ansicht auch für die Erhaltung des ordnungsgemäßen Zustandes verantwortlich. Aus diesem Grund sind Jagdeinrichtungen regelmäßig auf ihren ordnungsgemäßen Zustand zu überprüfen und desolate Hochstände (sogenannte „Revierleichen") umgehend zu entfernen.

Auch wenn es Kindern als jagdfremden Personen nicht erlaubt ist, Hochstände zu benutzen, kommt es des Öfteren vor, dass sie beim Spielen in der Natur darauf herumklettern. Sie vertrauen uns Jägern, dass sich unsere Hochstände in einem ordnungsgemäßen Zustand befinden. Von schadhaften Reviereinrichtungen ausgehende Gefahren können sie oftmals weder erkennen noch einschätzen. Auch aus diesem Grund ist eine regelmäßige sicherheitstechnische Hochstandüberprüfung erforderlich. Dabei geht es um das Bewusstsein, für die

Kinder können in der Regel beim (unbefugten) Spielen auf Reviereinrichtungen offensichtliche Mängel nicht erkennen. Deshalb regelmäßig prüfen!

Wenn die Jagdeinrichtung technisch nicht mehr in Ordnung und somit schadhaft ist und eine Person zu Schaden kommt, kann für den Jagdausübungsberechtigten bzw. den Errichter eine Haftung entstehen.

Sicherheit der Hochstände im Revier verantwortlich zu sein und diese nicht nur sicher zu errichten, sondern auch in einem sicheren Zustand zu erhalten.

Fakt ist, dass jeder Unfall im Umgang mit (schadhaften) Hochständen sehr unangenehm für alle Beteiligten ist. Einerseits sind die möglichen körperlichen Verletzungen nicht zu unterschätzen und andererseits kann ein anschließendes Gerichtsverfahren kostspielig, langwierig und belastend sein. Deshalb sind wir Jäger gut beraten, lieber die eine oder andere Stunde vorab in die Kontrolle und Reparatur investiert zu haben, als sich später auf der Anklagebank den kritischen Fragen des Richters stellen zu müssen.

UNFALLVERHÜTUNGSVORSCHRIFTEN

Für Österreich hat die ehemalige Zentralstelle Österreichischer Landesjagdverbände Empfehlungen im Rahmen einer Jagd-Unfallverhütungsvorschrift (UVV) herausgegeben, die nun vom Autor in Zusammenarbeit mit dem Dachverband „Jagd Österreich" verifiziert und auf neue Beine gestellt worden sind.

Kapitel Bauliche Jagdeinrichtungen

Allgemeines:

- » Die Sicherheit muss beim Bau sowie bei der Benutzung von Reviereinrichtungen stets an oberster Stelle stehen.
- » Bauliche Jagdeinrichtungen dürfen nur entsprechend ihres bestimmungsgemäßen Zwecks benutzt werden. Nicht zweckgemäß ist beispielsweise das Klettern auf einer Absturzsicherung oder das Stehen auf einem Sitzbrett, um eine bessere Aussicht zu erhalten.
- » Werden vor dem Benutzen einer Reviereinrichtung (sofern möglich) offenkundige und sicherheitsrelevante Mängel erkannt, ist eine weitere Benutzung abzubrechen und der mangelhafte Zustand dem Jagdausübungsberechtigten zu melden.
- » Bauliche Jagdeinrichtungen sind aus geeignetem und gesundem Material herzustellen.

Konstruktionsdetails:

- » Es ist eine stabile Konstruktionsweise sowie eine ausreichende Dimensionierung aller Bauteile inkl. Verbindungsmittel (Schrauben, Nägel, Passbolzen, Gewindestangen) zu wählen.
- » Es ist darauf zu achten, dass tragende Bauteile in ihrem Querschnitt (zum Beispiel Durchmesser) nicht geschwächt werden. Ist dies konstruktionsbedingt nicht vermeidbar, ist ein stärkerer Querschnitt zu wählen.

- Holzbauteile sind auf Fundamente (Betonplatten, flache Steine usw.) zu stellen und dürfen nicht direkt am Erdreich aufstehen, um sukzessiven Feuchtigkeitseintrag und darauffolgende Holzfäulnis zu vermeiden.
- Leitersprossen sind mit Sprossensicherungen an den Holmen entsprechend zu sichern.
- Bei Konstruktionsanschlüssen (zum Beispiel Montage einer Sprosse am Leiterholm) sind ausreichende Randabstände vom Holzende („Hirnholz") bis zu den Verbindungsmitteln einzuhalten. Praktisches Maß: zum Beispiel die Länge des Zeigefingers eines Erwachsenen.
- Bauliche Jagdeinrichtungen sind gegenüber Windeinwirkungen zu sichern. Zu empfehlen sind Kombinationen aus konisch nach außen verlaufenden Hauptstützen, Schrägstützen, Zugseilen oder Erdankern.

Wartung:

- Reviereinrichtungen sind regelmäßig, jedoch zumindest einmal jährlich auf ihren sicheren und funktionstauglichen Zustand zu überprüfen.
- Sicherheitsrelevante Mängel sind sofort zu beheben, andernfalls ist die bauliche Jagdeinrichtung zu sperren, bis der sichere Gebrauch wieder hergestellt ist.
- Nicht mehr benötigte oder sanierbare Reviereinrichtungen sind abzutragen.

So weit darf es nicht kommen, sonst besteht Lebensgefahr. Im Zuge einer zumindest jährlichen Sicherheitsüberprüfung der Hochstände sind derartige Mängel zu beseitigen.

SORGFÄLTIGST

JÄGER BAUEN ZUMEIST SELBST

Wer einen Hochstand für jagdliche Zwecke bauen möchte, muss keine Baugenehmigung seitens der Baubehörde einholen. Eine Zustimmung des Grundeigentümers reicht aus, und schon steht dem Vorhaben nichts mehr im Wege.

Für den Hochstandbau gibt es in Österreich keine verbindlich einzuhaltenden technischen Regelwerke. Auch technische Vorschriften (zum Beispiel Normen oder Richtlinien) aus der Baubranche haben für Hochstandkonstruktionen keine Relevanz. Wer sich jedoch daran orientieren möchte, ist bestimmt auf der sicheren Seite. Deshalb finden sich an der einen oder anderen Stelle dieses Buches vereinzelte Inhalte aus diesen technischen Regelwerken. In Österreich gibt es eine Jagd-Unfallverhütungsvorschrift (UVV, siehe Seite 32), die in Bezug auf den Bau von Jagdeinrichtungen grundlegende technische Inhalte bietet. Tiefer gehende Details finden Sie im vorliegenden Buch.

In der Regel werden Hochstände nicht von darauf spezialisierten Unternehmen, sondern von Privatpersonen (zumeist von den Jägern) errichtet. Diese handeln mit bestem Wissen und Gewissen, mit handwerklichem Geschick sowie der vorhandenen Erfahrung. Es ist Jägern somit nicht zumutbar, baustatische Fach kenntnisse zu besitzen, die für die Realisierung einer kommerziellen Baumaßnahme mit baubehördlicher Baugenehmigung erforderlich sind. Sie sind jedoch verantwortlich, dass von ihren Reviereinrichtungen bei zweckmäßiger Benutzung keine Gefahren für den Benutzer ausgehen. Nachdem Jäger keine regelmäßig geschulten und geprüften Fachkräfte auf dem Gebiet des Hochstandbaus sind, ist bei der Benutzung von Hochständen entsprechende Vorsicht und ein hoher Sorgfaltsmaßstab erforderlich. Dies bedeutet aber auch, eine Hochstandkonstruktion entspre-

Für den Hochstandbau gibt es in Österreich keine verbindlich einzuhaltenden technischen Regelwerke. Auch technische Vorschriften (zum Beispiel Normen oder Richtlinien) aus der Baubranche haben für Hochstandkonstruktionen keine Relevanz.

chend ihrer Bauart zweckmäßig zu benutzen. Geländer rings um das Hochstandpodest werden als Absturzsicherung konzipiert und dienen nicht als Aufstiegshilfe. Auch das Besteigen eines Hochstanddaches oder der Sitzfläche einer Ansitzleiter, um beispielsweise eine bessere Aussicht zu erhalten, stellen definitiv keine zweckmäßige Benutzung dar. Solche gefährlichen Kunststücke haben auf Reviereinrichtungen keinen Platz.

Ein erhöhter Sorgfaltsmaßstab ist jedoch bei der Benutzung nicht immer so einfach umzusetzen. So baumen Jäger im Zuge der Nachtjagd oder des Morgenansitzes in der Regel (schon oder noch) in der Dunkelheit auf, wo aufgrund der schlechten Lichtverhältnisse schadhafte Leitersprossen oder desolate Geländer nur äußerst schwierig bis überhaupt nicht erkannt werden können. Hier braucht es ein gewisses Vertrauen in den Errichter und Erhalter des Hochstandes. Es ist ein Sicherheitsbewusstsein, auf das es beim Hochstandbau ankommt. Das Bewusstsein, dass man als Errichter und Erhalter auch für die Gesundheit und Unversehrtheit anderer mitverantwortlich ist, die die Reviereinrichtung benutzen.

FIXFERTIG

Der Markt bietet mittlerweile eine Vielzahl an Reviereinrichtungen an, welche bereits vollständig montiert (zum Beispiel Kanzeln) geliefert werden. Bei derartigen Jagdeinrichtungen kann davon ausgegangen werden, dass sie sicherheitstechnisch in Ordnung sind, denn sie werden von darauf spezialisierten Unternehmen produziert. Aber auch bei diesen Produkten darf auf die regelmäßige Sicherheitsüberprüfung nicht vergessen werden.

Bitte keine Kunststücke! Hochstände sind zweckmäßig zu benutzen!

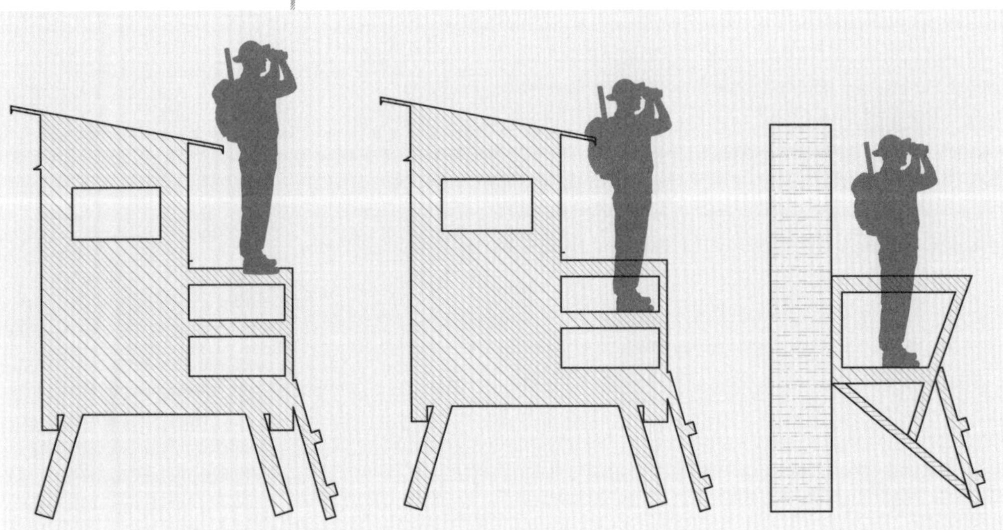

AUTO AUF DEM DACH

LASTEN, DIE AUF DEN HOCHSTAND WIRKEN

Bei der Planung und Dimensionierung sowie in weiterer Folge bei der Umsetzung dürfen die auftretenden Einwirkungen auf Reviereinrichtungen nicht unterschätzt werden. Diese sind 365 Tage im Jahr der Witterung ausgesetzt und müssen den natürlichen Belastungen, wie Hitze, Kälte, Nässe, Frost, Wind und Kombinationen davon, widerstehen. Dabei bestimmt der höchste realistische Belastungsfall die Gestaltung und Dimensionierung der Hochstandkonstruktion. An dieser Stelle werden die auf Hochstände wirkenden Belastungen in zwei Gruppen unterteilt. In der Baufachsprache werden diese als „ständige Lasten" und „Nutzlasten" bezeichnet.

STÄNDIGE LASTEN

Ständige Lasten wirken stetig und somit konstant. Darunter fällt das Eigengewicht des Hochstandes (Material), bestehend aus Kanzelbock, Kanzel, Podest inklusive Absturzsicherung und der Leiter. Das Eigengewicht aller Bauteile muss über die Hauptstützen des Kanzelbockes und deren Fundamente sicher ins Erdreich abgeleitet werden können. Bei Hochständen können dafür in Abhängigkeit ihrer Größe gut und gern mehrere Hundert Kilogramm zusammenkommen.

NUTZLASTEN

Im Gegensatz zu den ständigen Lasten wirken Nutzlasten nicht immer, sondern eben nur im gegebenen Fall. Hierunter können sämtliche Belastungen durch Jäger und Birschführer mit Ausrüstung zusätzlich zu den natürlichen Beanspruchungen, wie Schnee, Hagel, Regen und Sturm, gezählt werden. Diese Lasten sind jedenfalls nicht zu unterschätzen, und im ungünstigsten Fall wirken sie auch in Kombinationen auf den Hochstand. So ist es möglich, dass Jäger und Birschführer an einem stürmigen Winter-

Werden diese Belastungen auf Hochstände unterschätzt und die Bauteile nicht stark genug dimensioniert, ist ein Konstruktionsversagen wahrscheinlich.

tag auf einem Hochstand sitzen, dessen Dach zusätzlich mit einer mächtigen Schneehaube belastet ist. Dieser Belastungsfall zeigt, dass Hochstände zusätzlich zu ihrem Eigengewicht auch auf ihren höchsten realistischen Belastungsfall (ständige Lasten plus Nutzlasten) dimensioniert werden müssen. Werden diese Belastungen auf Hochstände unterschätzt und die Bauteile nicht stark genug dimensioniert, ist ein Konstruktionsversagen höchstwahrscheinlich. Dabei kann es unter Umständen zu lebensgefährlichen Unfällen kommen. Nutzlasten können in Abhängigkeit ihrer Wirkungsrichtung übrigens vertikal und horizontal auftreten.

Vertikale Nutzlasten

Unter vertikalen Nutzlasten wird das Gewicht von Jäger, Birschführer, Hund und Ausrüstung sowie Schnee verstanden. In schneereichen Wintern werden Hochstanddächer gebietsweise oft mit 1m hohen Schneehauben bedeckt. Dabei kann beispielsweise feuchtnasser Altschnee mit 300-500 kg/m³ ein Hochstanddach von 2,0×2,0 m inklusive Dachüberstand mit mehreren Hundert Kilogramm belasten, sodass auf eine Reviereinrichtung zusammen mit dem Eigengewicht der Gesamtkonstruktion gut und gerne das Gewicht eines Mittelklassewagens einwirken kann. Zweifelsfrei werden Hochstände in der Winterzeit am härtesten

Aufgrund ihrer größeren Dachfläche sind Jagdhütten einer noch größeren Schneebelastung ausgesetzt. - Wenn möglich freischaufeln.

Gewaltige Schneehauben auf den Dächern können Hochstände an ihre Belastungsgrenze bringen. Ein möglicher Belastungsfall auf Hochständen kann mit dem Gewicht eines Mittelklassewagens verglichen werden.

auf die Probe gestellt. Diese möglichen Schneebelastungen wirken auf größeren Dachflächen umso stärker, was auch insbesondere bei Jagdhütten bedacht werden muss.

In einem realistischen Rechenbeispiel werden mögliche vertikale Lasten zusammengezählt, die auf Hochstände wirken können und von ihnen auch standgehalten werden müssen:

Eigengewicht des Hochstandes (Kanzel auf niedrigem Kanzelbock)	400 kg
Jäger + Birschführer inkl. Ausrüstung (zwei ausgewachsene Personen)	200 kg
Schneehaube (feuchtnasser Altschnee, 450 kg/m³, 0,5 m hoch) auf Kanzeldach mit 2,0×2,0 m	900 kg
Summe (vertikale Lasten)	**1.500 kg**

Die exemplarisch summierte, maßgebende vertikale Belastung von 1,5 Tonnen entspricht etwa dem Gewicht eines Mittelklassewagens, das die Hochstandkonstruktion während ihrer Nutzungsdauer sicher über die Fundamente ins Erdreich abtragen muss.

Horizontale Nutzlasten

Starkwindereignisse mit Windgeschwindigkeiten von 100 km/h und mehr kommen immer häufiger vor und bringen Hochstände oftmals an ihre Stabilitätsgrenzen. Windbelastungen können auch als „horizontale Nutzlasten" bezeichnet werden. Hoch-

Unter vertikalen Nutzlasten wird das Gewicht von Jäger, Birschführer, Hund und Ausrüstung sowie Schnee verstanden.

stände haben aufgrund ihrer Bauweise einen erhöhten Schwerpunkt, weswegen sie umso anfälliger gegenüber Windbelastungen sind und dahingehend konstruktiv gegen die Gefahr des Umstürzens gesichert werden müssen.

In Kombination mit dem zuvor dargestellten Belastungsfall mit voll besetztem Hochstand (zwei Jäger inklusive Ausrüstung) und enormer Schneehaube auf dem Dach stellen starke Stürme mit

Die Handfläche mal 140 ergibt in etwa die Windbelastung auf der Kanzelseitenfläche.

Die Windbelastungen auf eine Kanzelseitenfläche (Rot) entsprechen exklusive der Sogwirkung (Blau) im Vergleich zu einer Handfläche in etwa dem Hundertvierzigfachen.

Sicherheit das größte Belastungsszenario dar, dem Hochstände in der Praxis standhalten müssen. Der enorme Einfluss von Windbelastungen kann dann besonders gut eingeschätzt werden, wenn man als Beifahrer bei etwa 100 km/h die Handfläche aus dem Autofenster hält. Möchte man die auf die Handfläche (ca. 200 cm^2) einwirkende Windbelastung auf eine Kanzelseitenfläche (beispielsweise 1,4×2,0 m = 28.000 cm^2) projizieren, so müsste man diese in etwa mit dem Faktor 140 (!) multiplizieren. Und dabei bleiben die Sogwirkungen auf den Unterseiten von Kanzelboden und Kanzeldachüberstand noch unberücksichtigt. Windkräfte üben somit enorme Belastungen auf Hochstände aus, weswegen beim Aufstellen von Hochständen keinesfalls auf Windsicherungen vergessen werden darf.

Zu beachten ist nicht nur die Montage der Windsicherung des Hochstandes bei dessen Errichtung, sondern es gilt auch wäh-

Durch Starkwindereignisse zu Fall gebrachte Bäume haben schon so manchen Hochstand „erschlagen". Fazit: Totalschaden.

rend der Jagd die Windbedingungen stets im Auge zu behalten. Vor allem in Waldgebieten können Starkwindereignisse einzelne Bäume entwurzeln oder Teile davon abtrennen, die dann mit unglaublicher Rasanz am Waldboden einschlagen. Es müssen aber nicht zwingend starke Stürme sein; in Zeiten von Eschensterben und bei „Käferbäumen" genügen oft schon wesentlich geringere Windgeschwindigkeiten, um Bäume gänzlich zu Fall zu bringen. Reviereinrichtungen, die sich in Fallrichtung befinden, werden dabei in der Regel völlig zerstört. Man möchte sich nicht ausmalen, welche tragischen Folgen dieses Szenario für jene Menschen nach sich zieht, die sich zu diesem Zeitpunkt auf dem Hochstand befinden. Dementsprechend sollten Hochstände in Waldgebieten beim Aufkommen von stärker werdenden Windverhältnissen sicherheitshalber verlassen werden. Frei nach dem Motto: „Wenn der Sturm jagt, bleibt der Jäger zu Hause".

MIT HIRN UND HERZ

STRATEGISCHE POSITIONIERUNG

Wer jagdliche Einrichtungen möglichst lange Erfolg versprechend nutzen möchte, sollte diese an gut durchdachten Plätzen im Revier aufstellen. Der Jagderfolg wird umso länger erhalten bleiben, je weniger wir Jäger vom Wild als potenzielle Gefahr mit den Jagdeinrichtungen in Verbindung gebracht werden und je weniger jagdstrategische Fehler uns passieren. Die Auswahl strategisch günstiger Hochstandpositionen entscheidet deshalb über den nachhaltigen Jagderfolg.

Die Errichtung einer Reviereinrichtung ist oftmals mit einigem Aufwand (Planung, Kosten, Zeit, Gerät, Material, Werkzeug, Abstimmung mit Grundeigentümer u. v. m.) verbunden. Auch deshalb lohnt es sich umso mehr, den späteren Aufstellungsort sorgsam auszuwählen. Doch unsere Reviere verändern sich sukzessive. So sind Borkenkäferkalamitäten vielerorts für ein Massensterben der Wälder, vor allem der Fichtenmonokulturen, verantwortlich und zugleich die Hauptursache für umfassende Holzschlägerungsarbeiten. Aufgrund dieser gravierenden Veränderungen der Lebensräume fragt man sich ab und zu, ob so

Mit Forstmaschinen können Waldbestände in kurzer Zeit in gänzlich neue Lebensräume verwandelt werden, weshalb auch so manche Hochstandposition zu überdenken ist.

Holzernte. Unsere Reviere und somit auch die Wildlebensräume verändern sich drastisch.

mancher Hochstand immer noch Erfolg versprechend positioniert ist. Dabei ergeben sich Fragen, wie etwa:

» Was zeichnet günstige Positionen für Hochstände aus?
» Wie sind diese im Revier zu finden?
» Welche Rolle spielt der Wind?
» Welche Gewohnheiten des Wildes sind bei der Standortwahl zu berücksichtigen?
» Wie können Reviereinrichtungen möglichst lang erfolgreich genutzt werden, ohne mit der Zeit zu jagdlich eher aussichtlosen Plätzen zu werden?

STATUS QUO BEI DER REVIERÜBERNAHME

Im neuen Revier gilt es, innerhalb der ersten Wochen und Monate neben der Revierbeschaffenheit auch die jagdlichen Einrichtungen zu beurteilen. Dabei verspüren neue Jagdpächter oftmals den Drang, Hochstände unbedingt verändern zu wollen, um dem Revier den „eigenen Stempel" aufzudrücken. Doch wer hier voreilig handelt, verschlechtert möglicherweise die Situation und damit die Chance auf Jagderfolg. Man ist gut beraten, vorab eine Zeitlang zu beobachten und die vorherrschenden Bedingungen, wie Kugelfang, Wind, Wildwechsel und Umgebungsbedingungen, zu analysieren.

Wer Hochstände nach einer Revierübernahme voreilig verändert, verschlechtert möglicherweise die Situation. Man ist gut beraten, zuvor eine Zeitlang zu beobachten und die vorherrschenden Bedingungen, wie Kugelfang, Wind, Wildwechsel und Umgebungsbedingungen, zu analysieren.

Bevor übernommene Reviereinrichtungen vom vorherigen Pächter aus der letzten Jagdperiode ohne Bedenken in den Jagdbetrieb integriert werden können, ist eine Sicherheitsüberprüfung unumgänglich. Erkannte Schäden müssen schnellstmöglich repariert werden. Liegen sicherheitsrelevante Mängel vor, ist eine weitere Nutzung des Hochstandes sofort zu unterbinden (zum Beispiel mit einem Absperrband) und dieser baldmöglichst in einen ordnungsgemäßen Zustand zu bringen. Identifizierte desolate

Hochstände (Revierleichen) sind ebenfalls sofort zu sperren und möglichst rasch abzutragen, sodass sie keine Gefahr mehr darstellen. Die Sicherheit muss immer an erster Stelle stehen.

Desolate Hochstände („Revierleichen") sind sofort zu sperren und möglichst rasch abzutragen, sodass sie keine Gefahr mehr darstellen.

ÖRTLICHE GEGEBENHEITEN

Damit der Aufstellungsort eines Hochstandes möglichst optimal gewählt werden kann, sollte man sich vorab mit den Umgebungsbedingungen vertraut machen. Nicht zuletzt ist auch der jagdliche Verwendungszweck (Ansitz- oder Bewegungsjagd) mitbestimmend. Für uns Jäger spielen Aspekte, wie Erreichbarkeit (Birschsteige), Bergemöglichkeit (Zufahrt mit Pkw), Anlieferung bzw. Aufbaumöglichkeit der Reviereinrichtung mit schwerem Gerät oder die Anbindung an öffentliche Wege (Beunruhigung durch Spaziergänger, Radfahrer, Reiter usw.), eine wesentliche Rolle. Besonders in den späten Wintermonaten, in denen die oberste Bodenschicht gefroren ist, können sonst eher schwer erreichbare Plätze zur Errichtung eines Hochstandes angefahren werden, ohne große Bodenverwundungen zu verursachen. Es sollte tunlichst davon abgesehen werden, Hochstände in der Nähe von elektrischen Betriebsmitteln (zum Beispiel Hochspannungsleitungen) zu planen bzw. zu errichten. Dort herrscht Lebensgefahr durch elektrischen Stromschlag!

Ebenso sind Äsungsangebote, Wildwechsel, Einstände, Ruhezonen oder Zugrichtungen des Wildes auf der Suche nach der geeigneten Hochstandposition sehr interessant und unbedingt zu berücksichtigen. Besonders in den Wintermonaten mit entsprechender Schneedecke können Wildwechsel einfach gefunden werden.

Beim Einsatz von schwerem Gerät für die Errichtung ist auf eine entsprechende Zufahrtsmöglichkeit zu achten.

Links: Eine frische Schneelandschaft macht Bewegungen der Wildtiere sichtbar. Rechts: Starke Wildwechsel sind ein Zeichen für erhöhte Wildfrequenz. Hier ist es besonders interessant!

Das Positionieren von Wildkameras kann Aufschluss über Bewegung, Verhalten und Gewohnheiten von Wildtieren geben. Dabei darf aber nicht auf die Einhaltung der damit verbundenen Gesetzesmaterien (Stichwort: Datenschutz) vergessen werden. Im Handumdrehen sind Wildkameras montiert, wodurch in überschaubarem Zeitraum vielversprechende Stellen im Revier analysiert werden können. Sendefähige Wildkameras (inkl. SIM-Karte) können aufgenommene Fotos oder Videos auf ein mobiles Endgerät (Smartphone, Tablet oder Laptop) in Echtzeit übertragen und ersparen somit den Weg zum Austauschen und Auswerten der Speicherkarte. Dies ist nicht nur bequem, sondern vermeidet auch unnötige Beunruhigungen durch den Jäger.

Wildwechsel sollen gut einsehbar und nicht zu nah oder zu weit entfernt sein. Auch die Bergemöglichkeit im Sinne einer geeigneten Zufahrt mit dem Auto spielt eine nicht unwesentliche Rolle. Ein Wechselspiel aus Äsungsangebot und Einständen bietet gute Voraussetzungen für einen strategisch günstig positionierten Hochstand. Dieser wird optimalerweise in jene Hauptrichtung zeigend aufgestellt, aus welcher Wild erwartet wird. Dabei kann es Unterschiede zwischen morgens und abends geben. Vorteilhaft ist ein durch Vegetation oder von einem Dach beschatteter Ansitzort, da hierbei im Vergleich zur direkten Sonneneinstrahlung die Bewegungen des Jägers nicht so „hart" wirken. Selbstverständlich sind auch die Windverhältnisse eingehend zu prüfen (siehe Seite 57).

Es ist nicht immer zu empfehlen, Hochstände direkt am Waldrand aufzustellen. Um das aus dem Wald auswechselnde Wild nicht zu vergrämen, müsste man sich dabei nämlich mit vollem Rückenwind ansetzen. Würde das Wild dann beim Auswechseln die Wald-Feld-Grenze passieren, säße der Jäger im Wind. Eine gute Alternative ist das Aufstellen eines Hochstandes im Feld, also mit Blick zum Waldrand. Diese Position ist auch bei Querwinden möglich. Ein weiterer Vorteil dabei ist, dass man beim Zugehen nicht in die Nähe des Bestandes muss. Am besten eignet sich bei solchen Hochstandpositionen im Feld die Integration des Sitzes in die Vegetation (zum Beispiel durch Sträucher).

Ist ein Aufstellort im Feld nicht möglich und verläuft der Waldrand ums Eck, ist der Hochstand vorzugsweise direkt am Eck zu positionieren, um entlang beider Wald-Feld-Grenzen jagdlich agieren zu können.

Wild nutzt seine Räume über den Tag verteilt sehr unterschiedlich, und somit kann mancher Hochstand morgens aufgrund des bereits ausgetretenen Wildes nur schwer unentdeckt erreicht werden. Für den Abendansitz kann dieser Sitz jedoch äußerst vielversprechend sein. Die Platzierung von Hochständen ist stets ein Kompromiss und kann nur selten alle Parameter vollends abdecken. Je besser man das Verhalten des Wildes kennt, desto besser können Jagdstrategie und zugehörige Reviereinrichtungen ausgewählt werden.

Mithilfe von sendefähigen Wildkameras können Wildbewegungen bequem auf einem mobilen Endgerät analysiert werden.

Dieser Hochstand „im Feld" verschmilzt förmlich mit seiner Umgebung. Gute Deckung für Zu- und Abgang.

An einem Waldeck positioniert, können beide Waldränder beobachtet werden.

Führt terrassenartiges Terrain bzw. eine Böschung in die Nähe eines Sitzes, kann diese als gedeckter Zugang genutzt werden.

Hinter Vegetationsstreifen lässt sich der Hochstand unbemerkt erreichen. Dahinter befindet sich die zu bejagende Fläche.

Die jagdliche „Bühne" ist oft nicht so leer, wie sie im ersten Moment zu sein scheint. Damit ist eine möglichst unbemerkte Erreichbarkeit der Reviereinrichtung essenziell, um auszugsbereites oder bereits ausgezogenes Wild beim Anmarsch nicht zu vergrämen und den Sitz auch wieder möglichst unauffällig verlassen zu können. Entlang von Hohlwegen, Windschutzgürteln, sonstiger Vegetation, terrassenartigen Geländeformen oder am Fuße von Böschungen kann ein unbemerkter Zugang sehr gut erfolgen. Querfeldein über Äcker und Wiesen ist kaum Deckung gegeben, und die Kontur des Jägers zeichnet sich gegen den Himmel sehr stark ab.

Birschsteige sollten dafür sorgen, dass man den Sitz möglichst leise erreicht. Achtung bei herabgefallenem Laub im Herbst! Dieses hat schon manchen Jäger verraten und dessen Chance auf Jagderfolg zunichte gemacht. Es ist daher anzuraten, Birschsteige nicht durch Wildeinstandsflächen zu führen.

SICHERER KUGELFANG

Der optimale Ort für einen Hochstand ist in der Regel ein Kompromiss in Anlehnung an die Umgebungsbedingungen. In puncto Sicherheit in Form eines Kugelfanges (= gewachsener Boden) dürfen allerdings keine Abstriche gemacht werden! Sie muss immer an erster Stelle stehen, ganz gleich, ob deshalb ein vielversprechender Platz im Revier nicht genutzt werden kann, weil die Hauptschießrichtung zum Beispiel zu einer stark befahrenen Straße oder einer Ortschaft zeigt. Ohne Kugelfang ist der beste Platz nichts wert! Zumindest in Hauptschießrichtung müssen sichere Schießbedingungen vorherrschen.

Ein Kugelfang ist deshalb so wichtig, um das aus dem Wildkörper austretende Geschoss bzw. dessen Fragmente oder eventuelle Fehlschüsse sicher im Erdreich aufzunehmen und zu „entsorgen". Je steiler der Einschusswinkel dabei ist, desto sicherer ist die Position des Hochstandes. Dies kann mit hoher Sitzposition, geeigneten Gegenhängen oder Geländekupierungen erreicht werden.

Der Einschusswinkel sollte zumindest 10° betragen, um der Gefahr eines Abprallers (Gellers) bestmöglich zu entgehen. Abpraller können das Hinterland auch noch auf große Distanz gefährden. Deshalb ist es essenziell, dass sich der Kugelfang möglichst knapp hinter dem Wild befindet und keine zu große Distanz dazwischenliegt. Aufgrund der Topografie können nicht immer alle Jagdflächen von einer Hochstandposition aus sicher bejagt werden, wenn kein ausreichender Kugelfang vorhanden ist. Dies hat zur Folge, dass an manchen Flächen nur beobachtet und nicht geschossen werden darf. Vor allem bei schlechten Lichtverhältnissen (Dämmerung oder Nacht) ist dies oftmals

Die Sicherheit muss immer an erster Stelle stehen, ganz gleich, ob deshalb ein vielversprechender Platz im Revier nicht genutzt werden kann, weil die Hauptschießrichtung zum Beispiel zu einer stark befahrenen Straße oder einer Ortschaft zeigt. Ohne Kugelfang ist der beste Platz nichts wert!

Links: Lassen es die Geländekupierungen zu, kann auch ohne Kanzelbock ein sicherer Kugelfang erreicht werden. Dabei sollte die Kanzel nicht direkt am Erdreich, sondern auf Fundamente gesetzt werden. Rechts: Mithilfe einer Stehleiter kann die finale Abschusshöhe in puncto Kugelfang und Einblick ins Gelände bestimmt werden.

nicht so einfach, weshalb der Bestimmung des Aufstellungsorts eine wichtige Bedeutung zukommt. Im Zweifelsfall hat die „Kugel" im Lauf zu bleiben.

Wie hoch muss der Hochstand nun auf einer bestimmten Position geplant werden, um ausreichenden Kugelfang zu haben? Diese Frage kann vorab unter Zuhilfenahme einer Stehleiter beantwortet werden, auf welche man bis zur gedachten Abschusshöhe hinaufklettert. Auch der Einsatz von Drohnen wäre möglich. Dabei kann das aktuelle Bild der Drohnenkamera auf das Handy übertragen werden, um die richtige Abschusshöhe (wird in der Regel am Display angezeigt) letztlich bestimmen zu können. Wichtig ist hierbei das Motto: „So hoch wie erforderlich, jedoch so niedrig wie möglich", da sich mit steigender Konstruktionshöhe auch die Unfallgefahr und somit das Gefahrenpotenzial erhöht. Natürlich kann auch das Gelände insofern genutzt werden, als dass Gegenhänge oder Geländekupierungen perfekten Kugelfang und guten Einblick in das Terrain bieten. In diesem Fall sind keine allzu hohen Kanzelböcke erforderlich. Abschließend sind auch noch Klettersitze erwähnenswert, mit denen auf bestehende Bäume geklettert werden kann, um die optimale Abschusshöhe zu eruieren.

Die nachfolgenden Punkte bieten in Summe eine Checkliste, um ausreichenden Kugelfang bei der Jagd sicherstellen zu können:

In dieser Situation hat der Finger gerade zu bleiben. Aufgrund des fehlenden Kugelfanges besteht akute Gefahr für das Hinterland.

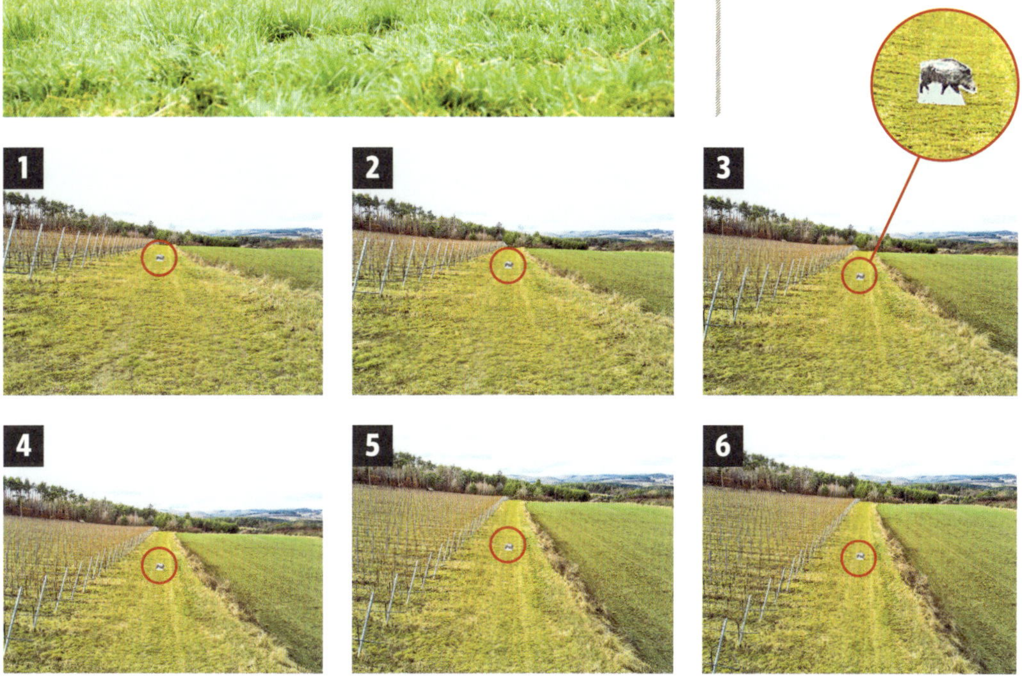

In dieser Bildreihe (Wildschweinscheibe, 50 m entfernt) wird die Verbesserung des Kugelfanges mit zunehmender Abschusshöhe deutlich:

1 = 1,7 m (Anschlag stehend)
2 = 2 m
3 = 3 m
4 = 4 m
5 = 5 m
6 = 6 m

Diese Höhenstudie wurde mit einer Drohne erstellt; die optimale Abschusshöhe kann auch mit einem Klettersitz ermittelt werden.

CHECKLISTE

- Mindesteinschusswinkel von 10° einhalten
- gewachsener Boden (Kugelfang) möglichst knapp hinter dem Wild
- Harte Oberflächen (zum Beispiel Straßen) können Geschosse und deren Fragmente nicht aufnehmen und gelten somit nicht als Kugelfang.
- Schüsse auf nasse Flächen (zum Beispiel Wiesen) vermeiden
- Keine Schüsse in Richtung besiedelter Gebiete abgeben.
- Als Kugelfang ist mindestens eine doppelte Wildkörperhöhe an gewachsenem Boden über dem Stück erforderlich.
- Kirrungen nur dort positionieren, wo weitreichender Kugelfang vorhanden ist. Bei Dunkelheit ist die Einschätzung schwieriger.
- Im Zweifelsfall hat die Kugel im Lauf zu bleiben.

Hier ist an einen Schuss nicht zu denken, denn es ist kein ausreichender Kugelfang vorhanden. Klare Sache: nicht schießen!

Das sind beste Kugelfangvoraussetzungen für einen sicheren Schuss. Möglichst viel gewachsener Boden rund um und knapp hinter dem Stück. Feuer frei!

Hoher oder dichter Bewuchs macht mancherorts eine erhöhte Beobachtungs- und Abschussposition erforderlich.

Die Jagd vom Boden aus ist hier undenkbar. Keine Sicht!

EINBLICK INS GELÄNDE

Nicht nur der Kugelfang, sondern auch der Einblick in das zu bejagende Gelände verbessert sich von Höhenmeter zu Höhenmeter. Manchmal wirkt die „jagdliche Bühne" vom Bodenniveau aus wenig Erfolg versprechend und schwierig, entpuppt sich allerdings aus erhöhter Position vom Hochstand aus als beste Voraussetzung für ein vielversprechendes Jagderlebnis. Hier spielt jedenfalls die Bewuchs- bzw. Vegetationshöhe eine wesentliche Rolle. Vom Boden aus kann Wild oftmals aufgrund von dichtem oder hohem Bewuchs kaum ausgemacht werden. Der eine oder andere Höhenmeter erhöht hierbei die Jagdchance enorm. Im Bestand können einzelne Meter nach links oder rechts das Blickfeld maßgeblich beeinflussen und zu Erfolg versprechenden Schießschneisen führen (siehe Bilder unten).

Einzelne Meter nach links oder rechts bieten oftmals eine Verbesserung von Blick- und Schussfeld.

WIND

So mancher ungünstig wechselnder Wind hat die eine oder andere Schussmöglichkeit schon vereitelt und die Bühne blitzartig geleert. Auf der Suche nach einem geeigneten Aufstellungsort für Reviereinrichtungen sind die Windverhältnisse jedenfalls zu berücksichtigen. Zumeist ist im Revier eine Hauptwindrichtung festzustellen, die jedoch örtlich durch Turbulenzen, wie beispielsweise Waldkanten, kesselartige Gebiete, Waldzungen oder gebirgige Revierteile, beeinträchtigt werden kann.

Links und Mitte: Mit Seifenblasen oder anderen Windprüfern kann der Windverlauf vor Ort einfach sichtbar gemacht werden.
Rechts: Windmesspfeile geben die lokale Windrichtung an und können aus größerer Entfernung abgelesen werden.

Neue Jagdpächter sind gut beraten, die Windrichtungen an vielen Positionen im Revier über einen gewissen Zeitraum hinweg zu prüfen, um einen guten Überblick zu erhalten und auf dieser Basis vielversprechende Hochstandpositionen zu erheben. Eine einfache Möglichkeit hierfür sind Seifenblasen. Ebenso können die Windrichtung und der Windverlauf auch mit „Windprüfern" (zum Beispiel mit Federweiß gefüllt) über einige Meter analysiert werden. Platziert man Windrichtungsmesspfeile an bestimmten Stellen im Revier, kann die Windrichtung auch aus größerer Entfernung mit dem Fernglas eruiert werden. Regelmäßige Revierfahrten und der Eintrag der Windrichtung in eine Revierkarte helfen zudem, rasch einen Überblick über die Windsituation im Revier zu erhalten.

Die vorherrschenden Windverhältnisse sind nicht nur bei der Standortwahl ausschlaggebend, sondern auch bei der Ausgestaltung der Zugangsmöglichkeit zur Reviereinrichtung zu berücksichtigen. Bereits ausgetretenes Wild soll idealerweise beim Zugehen zum Hochstand möglichst keine Wittrung des Jägers bekommen, um nicht vergrämt zu werden.

Auch wenn eine bestimmte Hauptwindrichtung im Revier vorherrscht, ist man gut beraten, nicht alle Hochstände ausschließlich darauf auszurichten. Einerseits ist dies landschaftlich oft gar nicht möglich, andererseits braucht es auch jagdliche Ausweichoptionen, wenn die Windbedingungen einmal unüblich sind. Bei Gruppenansitzen ist besondere Vorsicht geboten, damit sich Jäger auf den besetzten Hochständen nicht gegenseitig im Wind sitzen. Revierkarten bieten hierfür eine optimale Übersicht.

Revierkarten helfen, einen guten Revierüberblick zu erhalten.

An Waldgrenzen, wie zum Beispiel bei Kahlschlagflächen oder Waldzungen, entstehen oftmals verräterische Fallwinde oder Luftverwirbelungen.

Es ist übrigens ein Mythos, dass man auf hohen Hochständen nicht im Wind sitzen kann, weil dieser hoch oben über das Wild hinwegziehe und dieses deshalb keine Wittrung des Jägers aufnehmen könne. Dies mag eventuell auf sehr kurzen Distanzen stimmen, taugt jedoch nicht als allgemeingültige Regel.

Der Wind ist insofern zu berücksichtigen, als dass auswechselndes, ziehendes oder ruhendes Wild möglichst wenig vom Jäger mitbekommt. An Waldgrenzen, wie zum Beispiel bei Kahlschlagflächen oder Waldzungen, entstehen oftmals verräterische Fallwinde oder Luftverwirbelungen.

VERHALTENSGEWOHNHEITEN DES WILDES

Wild lernt aus seinen Erfahrungen und leitet daraus bestimmte Verhaltensweisen ab. Je öfter es unangenehme oder gefährliche Situationen erlebt, desto eher wird es diese künftig meiden. Die Folge ist, dass es scheuer wird und seine Aktivitäten immer mehr in die Dunkelheit verlagert, weswegen es immer schwieriger zu bejagen ist. Es lohnt sich also, vor dem Aufstellen eines Hochstandes auch die Verhaltensgewohnheiten des Wildes zu analysieren.

Ruhendes oder wiederkäuendes Wild äugt sehr gern im Schutz der Deckung auf bereits bekannte Jagdflächen, Wege oder andere häufig frequentierte Bereiche. Dies wirkt sich vor allem dann nachteilig auf den Jagderfolg des Jägers aus, wenn dieser nichtsahnend auf dem Weg zur Reviereinrichtung vom Wild eräugt wird und dieses Stück kaum noch in Anblick bekom-

Windverhältnisse in Waldzungen oder auf Kahlschlagflächen sind oftmals unbeständig.

Wild sucht gerne Ruheorte in Deckung auf, von denen es guten Einblick in seine Umgebung hat.

men wird. Somit sind beim Zustieg zum Hochstand bzw. Aufbaumen höchste Vorsicht und Aufmerksamkeit geboten, auch wenn noch kein Wild die jagdliche Bühne betreten hat.

Wild verharrt vor dem Austreten oftmals noch wenige Minuten im Schutz der dunklen Deckung, um die Situation auf der Äsungsfläche zu begutachten und mögliche Gefahren frühzeitig zu erkennen. In diesen entscheidenden Minuten - vor allem während der Dämmerungsphase - können sich Jäger durch überflüssige Bewegungen rasch verraten. Bei Reviereinrichtungen, die nicht von Vegetation umgeben sind, hebt sich die Kontur des Jägers zusätzlich zu Gesicht und Händen gegen den Himmel klar ab. Somit sind unnötige Bewegungen auf jeden Fall zu vermeiden, auch wenn man noch kein Wild im Anblick hat.

Links: Befinden sich Hochstände nicht vor einer Deckung, zeichnet sich die Kontur des Jägers deutlich gegen den Himmel ab. Rechts: Die Deckung lässt den Jäger förmlich mit dem Hintergrund verschmelzen.

Schranken an Revierstraßen sollten möglichst geräuscharm bedient werden, um Wild nicht darauf aufmerksam zu machen.

Schüsse vom Jagdauto aus sind nach dem NÖ Jagdgesetz nicht nur verboten, sondern wirken sich auch negativ auf das Wild aus, sodass vor allem erfahrene Stücke immer vorsichtiger werden und bereits frühzeitig abspringen. Vor diesem Hintergrund ist es auch nicht empfehlenswert, das Kfz unmittelbar in der Nähe des Hochstandes abzustellen. Anwechselndes Wild assoziiert damit womöglich bereits in Erfahrung gebrachte Gefahr und ändert seine Richtung. Auch untypische bzw. unnatürliche Geräusche sind zu vermeiden, da Wild darauf äußerst sensibel reagiert. So können unnatürliche Geräusche, etwa jene beim Bedienen eines Schrankens oder Telefonruftöne, in Kombination mit Fahrzeuggeräuschen bei Wild zu höchster Vorsicht und Aufmerksamkeit führen.

JAGDSTRATEGISCHES VERHALTEN

Wir Jäger möchten unsere jagdlichen Einrichtungen möglichst lange und erfolgreich nutzen. Deshalb muss es uns ein Anliegen sein, dass Wild möglichst wenig Gefahr damit verbindet. Somit ist nicht nur das unbemerkte Zugehen zum Sitz, sondern auch dessen möglichst unauffälliges Verlassen wichtig. Frühzeitiges Aufbaumen noch vor dem Ausziehen des Wildes ist empfehlenswert. Auch das Verhalten des Jägers nach dem Schuss spielt eine Rolle. Oftmals werden nicht alle Stücke erlegt, und es verbleiben „Zeugen“, deren Aufmerksamkeit nach dem Schuss selbstredend erhöht ist. Wer sich hier unruhig verhält und beispielsweise per Telefon sein Jagderlebnis lautstark mitteilt, darf sich nicht wundern, wenn diese Jagdfläche immer weniger vom Wild angenommen wird. Vor allem ältere Stücke sind äußerst sensibel. Nach dem Schuss heißt es für die nächsten - mindestens zwanzig - Minuten, Ruhe zu bewahren, damit kein weiterer Verdacht geschöpft werden kann. Der Bergevorgang sollte möglichst leise und ohne übertriebene Beleuchtung erfolgen, um keine unnötige Unruhe zu verursachen.

Auch das Thema Wind ist sehr heikel. Wer öfter und hintereinander im falschen Wind sitzt, muss seinen Ansitz bald vor leerer Bühne verbringen. Vor allem scheue Wildarten, wie etwa Rot- oder Schwarzwild, sind schnell vergrämt. Nicht zuletzt ist auch die Funktionstüchtigkeit von Hochständen zu prüfen. Nicht selten haben schon knarrende Hochstandtüren oder schleifende Fenster vielversprechende Situationen zunichtegemacht.

!

Wer öfter und hintereinander im falschen Wind sitzt, muss seinen Ansitz bald vor leerer Bühne verbringen. Vor allem scheue Wildarten, wie etwa Rot- oder Schwarzwild, sind schnell vergrämt.

TRÜGERISCHES VISIER

Tückenhafter steiler Kurzschuss

Einen Frischling an der Kirrung auf nur 20 m unterschossen? Und das, obwohl man sauber am Blatt abgekommen ist? Das kann doch nicht sein, möchte man meinen. Und schon gar nicht auf diese kurze Entfernung. Tatsächlich ist der steile Kurzschuss aber sehr tückenhaft, und ein Fehlschuss oder ein schlechter Schuss auf kürzeste Distanz ist schnell geschehen, wenn man im Eifer des Gefechts die Besonderheiten des steilen Kurzschusses nicht bedenkt.

Laufseelenachse und Haltepunkt zeigen nur auf zwei Distanzen auf das exakt gleiche Ziel (Fleckschuss). Das Geschoss kreuzt sozusagen nur zweimal die Visierlinie des Zielfernrohrs. Zuerst kaliberabhängig bei etwa 50 m und das zweite Mal auf der GEE-Distanz (Günstigste Einschussentfernung, je nach Kaliber, Geschossgewicht usw. zum Beispiel 170 m). Grund dafür ist, dass sich die Visierlinie des Zielfernrohrs einige Zentimeter oberhalb der Laufseelenachse befindet. Man spricht dabei auch von einer Visierlinienerhöhung. Bei Repetierbüchsen beträgt sie bauartbedingt etwa 5 cm, bei Bockbüchsflinten, Bergstutzen und ähnlichen aufgebockten mehrläufigen Schusswaffen jedoch um einiges mehr.

Daraus resultiert bei Repetierern in einer theoretischen Entfernung von 0 m ein Tiefschuss von etwa 5 cm, welcher mit steigender Distanz immer geringer wird und bei etwa 50 m bis auf 0 cm („Fleckschuss“) schrumpft. Das bedeutet, dass auf einer

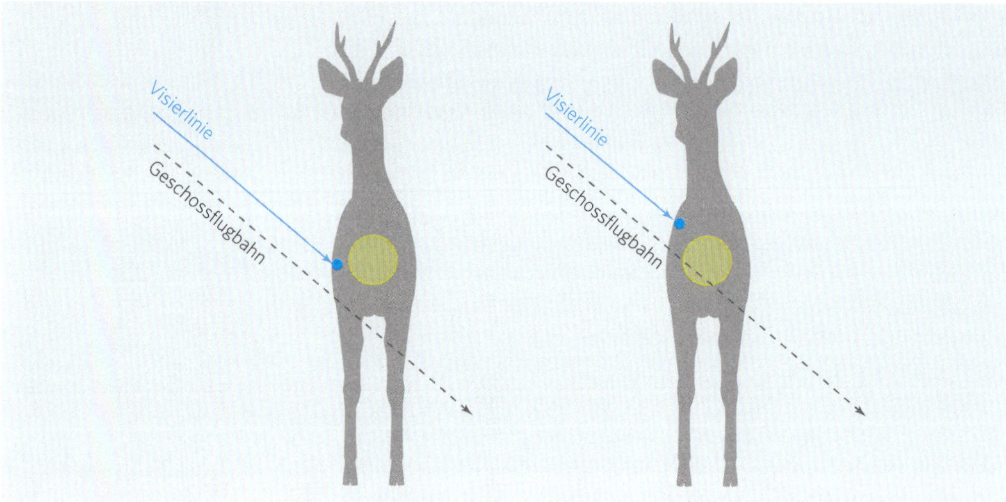

Wird die Haltepunktkorrektur nach oben bei einem kurzen Steilschuss nicht berücksichtigt (links), ist ein Unterschießen des Stückes wahrscheinlich (gelbe Zone: Wildkörpermittelpunkt der Trefferzone). Bei steilen Kurzschüssen ist der Haltepunkt (blauer Punkt) deutlich nach oben zu verlegen, um die Mitte des Wildkörpers im Kammerbereich zu treffen.

kurzen Distanz von nur 20 m der Einschuss nicht unwesentlich unterhalb des Haltepunkts liegt. Nun möchte man meinen, dass dieser geringe Tiefschuss von wenigen Zentimetern jagdlich wohl keine große Rolle spiele. Im Gegenteil. Es spielt sehr wohl eine Rolle! Auf kurze Distanz bei steilem Einschusswinkel sollte man nämlich bewusst räumlich denken, um einen sauberen Treffer zu setzen.

Um Wild mit einem gezielten Schuss zu erlegen, ist es unser Ziel, dieses im Wildkörpermittelpunkt der Kammer zu treffen. Um dies bei einem steilen Winkelschuss auf kürzeste Distanz zu erreichen, muss nicht nur der Tiefschuss, sondern auch der steile Eintrittswinkel durch eine zusätzliche Haltepunktkorrektur nach oben – also „hochblatt" – berücksichtigt werden. Wird der Haltepunkt nicht nach oben korrigiert, kann ein Stück leicht unterschossen oder dessen Brustkorb geöffnet werden.

Soll ein hoher Hochstand auf kurzer Distanz zur Kirrung errichtet werden, ist der soeben erläuterte Tiefschuss zu berücksichtigen. Diese Information soll günstigerweise vorab an Jagdgäste weitergegeben werden, um Nachsuchen und Fehlschüssen vorzubeugen. Selbiges gilt auch für steiles Gelände.

Hindernisse im Visier

Wird ein Hochstand neu errichtet, sollte dieser in Hinblick auf den späteren Aufstellungsort konstruiert werden. Genauer gesagt spielen hier einerseits die Abschusshöhe (Stichwort Kugelfang und Einblick) und andererseits die Anordnung von Podest mit Geländer und Tür sowie Fenster eine Rolle. Das Podest mit Leiterzugang sollte tunlichst nicht in der Hauptschussrichtung angebracht sein, denn dadurch ist ein möglichst unauffälliger Zugang zum Hochstand kaum möglich. Sichere Hochstandpodeste ver-

Das Podest nicht in Hauptschussrichtung anlegen - ein unnötiges Hindernis würde entstehen!

fügen als Absturzsicherung über ein dreiteiliges Geländer in Form von Brust-, Mittel- und Fußwehr. Dabei befindet sich die horizontale Brustwehr auf 1m über dem Podestniveau. Dies entspricht allerdings auch in etwa der Höhe der Gewehrauflage und somit der Position des Laufes beim sitzend aufgelegten Schuss. Dementsprechend ist es leicht möglich, dass die Visierlinie des Zielfernrohrs oberhalb der Brustwehr zu liegen kommt und der Jäger deshalb ein klares Bild im Zielfernrohr hat, obwohl die Laufseelenachse direkt auf die Brustwehr zeigt. Ein Schuss in die Brustwehr wäre die Folge, da zwischen Visierbild und Laufseelenachse - wie bereits erörtert - im Regelfall bei Repetierern etwa 5cm Höhendifferenz liegen. Aus diesem Grund sollten Podeste samt Absturzsicherung und Leiterzugang nicht in der Hauptschuss-

Achtung bei Bewuchs unmittelbar vor dem Hochstand!

Vorsicht: Überstehende Gewehrauflagen (Brüstungen) können zum Hindernis werden.

richtung angebracht, sondern eher auf der jagdlich weniger interessanten Seite montiert werden.

Nicht nur bei Hochstandgeländern ist auf die Höhendifferenz der Visierlinienerhöhung zu achten, sondern auch auf Kanzeln mit überstehenden Gewehrauflagen bzw. Brüstungen. Auch auf Bewuchs im unmittelbaren Umfeld vor dem Hochstand ist zu achten! Nur, weil im Zielfernrohr das Ziel klar und deutlich erscheint, bedeutet das nicht automatisch, dass in die Laufseelenachse keine Hindernisse hineinragen. Ein kurzer Check auf Höhe des Laufes in Richtung Ziel hilft, ein freies Schussfeld zu überprüfen und allfällige Hindernisse (Stämmchen, Äste usw.) zu erkennen. Stärkere Gehölze unmittelbar vor dem Lauf können die Geschossflugbahn verändern. Felsen oder gesteinsartige Barrieren können sogar gefährliche Querschläger verursachen.

SUCHE NACH GÜNSTIGEN AUFSTELLPLÄTZEN

In der Regel stellt der endgültige Aufstellungsort der Reviereinrichtung einen Kompromiss aus einer Vielzahl von Faktoren dar, wobei am Ende auch das Bauchgefühl des Jägers ausschlaggebend sein wird. Wer mit jagdlicher Selbstdisziplin und entsprechendem Bewusstsein jagt, wird nachhaltig Erfolg haben. Im Folgenden findet sich eine Zusammenfassung sämtlicher Parameter, die auf der Suche nach den besten Plätzen im Revier Unterstützung bieten.

CHECKLISTE

- » vorerst Status quo der Reviereinrichtungen und deren Umgebungsbedingungen erheben
- » Zu- und Abgänge sind für den Jäger möglichst unbemerkt und gedeckt erreichbar
- » ruhiges Verhalten nach dem Schuss, um verbleibende „Zeugen" nicht zu vergrämen
- » auf entsprechende Deckung mit dem Hintergrund achten (um mit diesem förmlich zu verschmelzen)
- » Birschsteige sind sauber und führen nicht durch Wildeinstandsflächen
- » guter Einblick auf Wildwechsel
- » Berge- und Zufahrtsmöglichkeit für ein Kfz
- » Angebot an Äsungs- und Einstandsflächen
- » Ansitzplatz eher im Schatten als in direkter Sonne
- » Aufstellungsort am Waldrand nicht immer optimal
- » Position im Feld hat einige Vorteile
- » Kugelfang ohne Wenn und Aber – keine Kompromisse erlaubt!
- » möglichst steiler Einschusswinkel (stets >10°)
- » ausreichenden Einblick in die Jagdfläche vorab prüfen
- » Achtung auf Hindernisse in der Schussrichtung (zum Beispiel Geländer oder Bewuchs)
- » Tiefschuss bei Steilschüssen beachten – Haltepunkt nach oben korrigieren
- » Leiterzugang mit Podest und -geländer nicht auf die Hauptschussrichtung ausrichten
- » Windverhältnisse berücksichtigen
- » manche Ansitzplätze auch auf eher unübliche Windrichtungen auslegen
- » auf leise Bedienbarkeit der Reviereinrichtungen (zum Beispiel Tür, Fenster usw.) achten

Nebenstehende Checkliste soll auf der Suche nach den besten Plätzen im Revier helfen, nichts zu vergessen.

Ist der Hochstand gut platziert, steht dem jagdlichen Erfolg nichts mehr im Wege!

TANZENDE STAUDE

Gerade komme ich von der Morgenbirsch nach Hause. Es ist Hochbrunft, doch gesprungen ist mir heute nur ein junger Bock. Die alten Böcke stehen vermutlich noch bei ihren Geißen und rühren nicht einmal einen Lauscher, wenn die zarten Fieptöne aus meinem Blatter dringen.

Einen alten, interessanten Bock habe ich im Visier; einen, den ich erst zweimal auf etwa 400 m von einem Feldweg aus habe beobachten können. Als ich wieder diesen Feldweg entlangfahre und wie schon in den letzten Wochen intensiv nach dem heimlichen Bock Ausschau halte, heben sich plötzlich zwei rote Körper vom Wiesengrün ab. Wieder sehr weit weg. Ein Griff zum Fernglas, und schon habe ich Gewissheit: Den Bock gibt es noch! Den muss ich haben. Er steht gerade bei seiner Geiß, die seelenruhig äst. In diesem Moment tut sich der Alte auch noch nieder, offenbar hat die anstrengende Brunft bereits Spuren hinterlassen. Dennoch: Diese Information genügt mir, und schon fahre ich unauffällig weiter.

Während der Heimfahrt tüftle ich an einer Jagdstrategie. Fakt ist, dass in unmittelbarer Nähe (auf Schussdistanz) kein Hochstand ist und das gesamte Gebiet aus Wiesen und mittlerweile abgedroschenen Getreidefeldern besteht. Für eine Birsch fehlt mir also Wesentliches: die Deckung. Es stehen allerdings einige mobile Riegeljagdhochstände im Revier. In nur wenigen Minuten ist ein solcher abgebaut, und zur Mittagszeit befinde ich mich damit gemeinsam mit meinem Vater auf dem Weg zum „Einsatzgebiet“. Doch wohin mit dem Stand? Zu nah möchte ich auch nicht heran, um keinen allzu großen Wirbel zu veranstalten. Immerhin dürfen der Bock und vor allem die Geiß unser Vorhaben nicht spitzkriegen.

Wir stellen den Riegeljagdhochstand leise auf und berücksichtigen dabei nicht nur den Kugelfang, sondern auch den Wind. Hoffentlich sind die Windverhältnisse auch heute Abend ideal. Wir stellen den Stand neben einen kleinen Apfelbaum, um jede verfügbare Deckung auszunutzen. An einer Holunderstaude, die etwa 40 m seitlich danebensteht, binde ich noch eine Schnur an, die zum Stand führt. Nach zehn Minuten Aufbauzeit sind wir auch schon wieder dahin.

Ich zähle die Stunden und Minuten bis zum Abend und habe nur noch eines im Kopf – den Brunftbock. Meinen Vater nehme ich auch mit. Er beherrscht die unterschiedlichen Strophen mit dem Blatter vom Kitzfiep bis hin zum Sprengfiep perfekt. Außerdem wird er heute noch eine andere Aufgabe haben.

Früher als sonst machen wir uns auf den Weg. Immerhin müssen wir eine ordentliche Strecke auf offenem Feld überwinden, bis wir zum mobilen Riegeljagdhochstand gelangen. Als wir dort ankommen, heißt es warten. Es vergeht eine Stunde, dann taucht der Bock mit seiner Geiß tatsächlich auf, doch diesmal etwas weiter westlich als sonst. Schlagartig schnellt mein Puls in die Höhe. Der Entfernungsmesser zeigt etwas mehr als 300 m. Wir haben aber noch genügend Zeit und können die Situation vorerst einmal beobachten. Auf die Fieptöne aus dem Blatter meines Vaters reagiert der Bock wie erwartet nicht. Es vergeht Minute für Minute, aber die beiden halten konstant die Entfernung zu uns. Eine kurze Absprache, und wir beschließen, nun den „Joker" auszuspielen, denn schön langsam hat die Dämmerung eingesetzt.

Ich bringe mich in Schießposition, und mein Vater startet einstweilen mit dem Sprengfiep. Auch diese Töne lassen den Bock kalt. Doch als mein Vater an der Schnur zieht und damit die Holunderstaude knacksend und raschelnd bewegt, gilt die volle Aufmerksamkeit des Bockes nicht mehr seiner Geiß, sondern nur noch der „tanzenden" Staude. Auf direktem Weg zieht es den Bock in unsere Richtung. Jetzt nur ruhig bleiben. „250 m, 200 m. Jetzt steht er auf 170 m", flüstert mein Vater leise, und schon zerreißt der Schuss die Spannung. Der Bock liegt im Feuer. Stille kehrt ein. Wir liegen einander in den Armen, und die Jagdfreude sowie der Stolz über einen funktionierenden Plan überkommen uns.

Zu Hause angekommen, lassen wir das Erlebnis mehrfach Revue passieren und kommen zu der Erkenntnis, dass der mobile Riegeljagdhochstand ein wesentlicher Schlüssel dieses Jagderfolgs war.

ANS GERÄT

GERÄTE- UND WERKZEUGEINSATZ

Mein Großvater war noch vor 70 Jahren ausschließlich mit Bogensäge, Zimmermannshacke, Nägeln und Zollstab im Revier unterwegs, um Hochstände zu errichten. Sein Equipment war somit sehr überschaubar, doch mit Liebe zum Handwerk und unter großer Kraftanstrengung richtete er sich sein Revier jagdlich entsprechend ein. Seit dieser Zeit hat sich einiges getan. Heutzutage stehen moderne und leistungsfähige technische Geräte, Werkzeuge sowie Materialien zur Verfügung, um mit geringerer Kraftanstrengung und höherer Präzision auch in entlegenen Revierteilen Hochstände errichten zu können. Zugegeben, auch der Komfortanspruch ist gestiegen. Werden Hochstände in der Werkstatt vorgefertigt, können ganz andere Maschinen und Geräte verwendet werden, als wenn direkt im Revier gebaut wird. In diesem Fall muss man sich jedoch vorab Gedanken machen, wie der vorgefertigte Hochstand oder Teile davon ins Revier gelangen sollen.

WERKZEUGE

Müssen Werkzeuge ohne technische Hilfsmittel (zum Beispiel Pkw) zum endgültigen Aufstellungsort transportiert werden, sind diese in der Regel behutsam auszuwählen, um nichts Unnötiges dabei zu haben. Aber Achtung: Fehlendes Werkzeug (etwa ein passender Bit für den Akkuschrauber) oder Zubehör (Sprit und Kettenöl für die Motorsäge) kann den Baufortschritt lähmen oder gar stoppen. Die Kunst liegt also darin, kein Werkzeug zu vergessen, aber auch keines unnötig mitzuschleppen.

Beim Hochstandbau im Revier habe ich immer ein Stromaggregat dabei, um auch kabelgebundene Geräte bei besonders kraftfordernden Arbeitsschritten (etwa das Hineindrehen einer Holzbauschraube 8×200) verwenden zu können. Diese sind ihren akkubetriebenen Kollegen leistungstechnisch in der Regel überlegen. Allerdings verwende ich (bis auf diese Einzelfälle mit besonderer Gerätebelastung) im Großen und Ganzen auch gerne Akkusystemgeräte, wo mit einem Akkutyp mehrere Geräte (zum Beispiel Akkuschrauber, Motorsäge, Stichsäge usw.) bedient werden können. Dies hat den riesigen Vorteil der Flexibilität. Nicht jedes Gerät hat seinen speziellen Akku, sondern es passt ein Universalakku für alle Geräte. Damit sind die Zeiten vorbei, wo ein leerer Akku für ein bestimmtes Gerät das Arbeitsende bedeutete. Derartige Akkusysteme halten in Summe länger durch, weil innerhalb der Geräte die Akkus getauscht und damit effizient eingesetzt werden können.

Die Kunst des Hochstandbaus im Revier liegt darin, kein Werkzeug zu vergessen, aber auch kein unnötiges mitzuschleppen.

Das Werkzeug ist griffbereit: Es kann losgehen!

Werkzeuge für den Hochstandbau	
Zum Schneiden	**Zum Bohren und Schrauben**
große Motorsäge inkl. Sprit, Kettenöl & Zubehör (Kettenfeile, Kerzenschlüssel usw.)	Akkuschrauber mit verschiedenen Holzbohrern, Bithalter und Bitsatz
kleine Motorsäge inkl. Sprit, Kettenöl & Zubehör oder Elektro-Motorsäge inkl. Zubehör	Bohrmaschine (stark), kabelgebunden
Eisensäge für Gewindestangen	Holz(bau)schrauben mit Beilagscheiben in verschiedenen Größen
Winkelschleifer oder Feile zum Entgraten der gekappten Gewindestangen	Gewindestangen mit Beilagscheiben und entsprechenden Muttern
Cuttermesser („Stanleymesser")	Gabelschlüssel bzw. Ratsche mit Stecksschlüsselsatz
Ast- bzw. Gartenschere	
Zum Nageln	**Sonstige Werkzeuge**
Zimmermannshammer	persönliche Schutzausrüstung (siehe Kapitel Eigensicherung, siehe Seite 175)
Nägel in diversen Größen	Maßband (klein und groß)
Nageleisen	Bleistift und Forstkreide
Zum Manipulieren von Material	Winkel
Handsappel	Beiß- und Kombizange
Fällheber	Zwingen
Handpackzange	Wasserwaage (1 m und 3 m)
Brecheisen/-stange	Axt
Spaten	Vorschlaghammer
Gartenhacke (Haue)	Stromaggregat inkl. Sprit
Seile (ggf. Gurte)	Verlängerungskabel
Handseilwinde	Stehleiter
Umlenkrolle für Flaschenzug	
Zurrgurt	*Hinweis: Wer sein Werkzeug pflegt und instandhält, hat vor Ort meist weniger Probleme.*

Für stärkere Baum- oder Holzquerschnitte habe ich stets eine benzinbetriebene Motorsäge sowie eine weitere mit kleinerem Schwert für feinere Schnitte. Für die Letztgenannte würde sich aber auch eine Elektro-Motorsäge eignen.

In der Tabelle auf Seite 70 findet sich eine Auflistung aller Werkzeuge, die ich beim Hochstandbau im Revier mithabe. Zugegeben, diese Auflistung liegt sicherlich über der technischen Minimalausstattung; Luft nach oben ist im Werkzeugbereich allerdings immer gegeben.

EINSATZ VON SCHWEREM GERÄT

Der heutige Komfortanspruch an Hochstände (Platzangebot, Dichtigkeit usw.) ist entsprechend hoch, weshalb vor allem geschlossene Kanzeln in der Regel nicht im Revier, sondern in der Werkstatt oder ähnlichen Räumlichkeiten vorgefertigt werden. Immerhin ist dort der Untergrund eben, man ist witterungsgeschützt, und die Maschinenausstattung ist auch eine andere als mitten im Revier. Dementsprechend einfacher und präziser lässt es sich hier auch arbeiten.

Die „fertigen" Konstruktionen müssen im Anschluss allerdings noch mit schwerem Gerät ins Revier gebracht werden. In den allermeisten Fällen geschieht dies mit einem Traktor und ggf. Anhänger oder mit einem Lkw. Achtung: Eine mögliche Anfahrt zum definitiven Aufstellungsort sollte vorab genau geprüft werden. Dabei ist es wichtig, dass der Weg dorthin entsprechend breit ist, nicht zu enge Kurven aufweist und auch nicht zu uneben ist. Neben einer ordentlichen Zufahrt ist ebenfalls ein ebener Untergrund vor Ort wichtig, um die Kanzel sicher auf den Kanzelbock hinaufheben zu können. Ist der Untergrund nicht eben genug, droht Kippgefahr das schweren Geräts, vor allem, wenn der Ausleger weit ausgefahren werden muss.

Links: Die fertige geschlossene Kanzel wird per Traktor direkt von der Werkstatt zum Aufstellungsort gebracht.
Rechts: Per Teleskoplader wird die Kanzel auf den Kanzelbock gehoben und dort verschraubt. Ein ebener Untergrund ist wichtig, damit das Gerät nicht umkippen kann.

STOLZ AUF HOLZ

MATERIALAUSWAHL

Die Sicherheit einer Hochstandkonstruktion kann nur dann gewährt werden, wenn das verwendete Material entsprechend qualitativ, gesund (Holz) und ausreichend stark ist. Wer hier spart, spart definitiv am falschen Ort. Das Motto muss lauten: Entweder ordentlich und sicher oder gar nicht. Es ist auch nicht angeraten, einen sicheren Hochstand zu errichten und diesen dann sich selbst und damit bis ans Ende seiner Tage den Witterungseinflüssen zu überlassen. Hier ist es ähnlich wie bei einem Fahrzeug - die ordnungsgemäße Funktionalität kann nur dann gewährt werden, wenn in regelmäßigen Abständen ein Service stattfindet, bei dem die sicherheitsrelevanten und somit neuralgischen Punkte überprüft und gegebenenfalls repariert werden. Deshalb ordentlich konstruieren und prüfen, prüfen, prüfen!

HOLZ

Eigenschaften

Holz ist für gewöhnlich das dominierende Material beim Hochstandbau. Durch die hohe flächendeckende Verfügbarkeit dieses heimischen Werkstoffs ist der ökologische Fußabdruck ein geringer, da Rundholz oftmals direkt im Revier in Übereinkunft mit dem Waldbesitzer geerntet werden kann. Holz ist nachhaltig, wächst nach und bildet als Naturwerkstoff das bodenständige Jagdhandwerk sehr gut ab. Hochstände aus Holz lassen sich auch sehr gut in die Natur integrieren, unabhängig davon, ob sie in Feld- und Wiesenbereichen oder in Waldbeständen errichtet werden. Holz ist im Verhältnis zu seiner Festigkeit eher leicht und lässt sich auch einfach bearbeiten (Sägen, Bohren usw.). Daher stellt Holz die erste Wahl für den Hochstandbau dar.

Dieser Palette an Vorteilen dieses Naturprodukts stehen jedoch auch einige ungünstige Eigenschaften gegenüber. So wird Holz immer wieder gern als „lebender" Baustoff bezeichnet, weil es (vor allem ungenügend getrocknet) bei wechselnder Luftfeuchtigkeit arbeitet (schwindet und quillt). Wenn Holz trocknet und damit eine Volumenverkleinerung einhergeht, spricht man vom Schwinden. Ist dies der Fall, stehen oftmals bei Verbindungen Nägel- oder Schraubenköpfe heraus, die wieder nachgenagelt oder nachgeschraubt werden müssen, um erneut optimalen Halt zu bieten. Nimmt Holz jedoch Feuchtigkeit (Wasser) auf, findet eine Volumenzunahme statt - es quillt. Im Zuge der Trocknung neigt Holz zur Rissbildung, weswegen der Trocknungsvorgang eher langsam vonstattengehen sollte. Dementsprechend sollten Stangen bestenfalls in den Wintermonaten geschnitten werden.

Holz ist nachhaltig, wächst nach und bildet als Naturwerkstoff das bodenständige Jagdhandwerk sehr gut ab.

Stammaufbau einer Rotbuche im Querschnitt. Schön zu sehen: die Jahresringe.

Nachdem Holz ein natürlicher Baustoff ist, sind seine Material- bzw. Festigkeitseigenschaften einerseits schwankend und andererseits auch nicht in alle Richtungen gleich ausgeprägt. Durch den charakteristischen, faserartigen Aufbau (entlang der Stammachse) ist die Zugfestigkeit deutlich höher als die Druckfestigkeit, wobei beide stark vom Holzfeuchtegehalt abhängig sind. Grundsätzlich gilt: Bei sinkender Holzfeuchtigkeit (durch die Trocknung) steigt die Festigkeit.

Holz kann sich in geernteter Form nicht mehr auf natürliche Art und Weise gegen Verwitterung durch Fäulnis und Angriffen von Insekten schützen, weswegen der Holzschutz (konstruktiv oder chemisch) für die Lebensdauer eines Hochstandes eine wichtige Rolle spielt. Nur ein gesunder Holzquerschnitt kann Belastungen widerstehen, wohingegen verwitterte Holzbereiche (durch Fäulnis, mechanische Zerstörung usw.) nicht mehr zur Lastableitung beitragen können. Hinzu kommt, dass ein Blick ins Innere eines Holzquerschnitts kaum möglich ist und dadurch Fehlstellen von außen schwer erkannt werden können.

Der natürliche Aufbau von Holz ist von innen nach außen durch die Bestandteile Mark, Kern, Splint, Kambium, Bast und Borke charakterisiert. Der Markstrang ist als Grundgewebe der Pflanze für das Längenwachstum verantwortlich und verläuft in Stammlängsachse. Der Kern stellt das tragende Gerüst des Baumes dar und dient als Speicher für Nährstoffe. Für die Wasserleitung von der Wurzel zur Krone ist der Splint zuständig. Infolge des Wachstums werden neue äußere Splintholzringe gebildet, wobei innere Splintholzringe ihre Funktion verlieren und zu Kernholz werden. Das Kambium stellt die Wachstumsschicht des Baumes dar, welche für das Dickenwachstum zuständig ist. Die Anzahl der Jahresringe gibt das Alter des Stammes an. An der Innenseite des Kambiums werden neue Holzzellen und an der Außenseite neues Bastgewebe gebildet. Durch den Bast (Innenrinde) wird der Baum mit Nährstoffen versorgt. Stirbt diese Schicht ab, bildet sich Kork und danach Borke. Die äußerste Schutzschicht des Baumes (Borke bzw. Außenrinde) ist eine „tote" Rinde und schützt vor Austrocknung, tierischen und mechanischen Beschädigungen sowie vor Hitze und Kälte. Dieser Stammaufbau - vor allem die tote Rinde an der Außenseite - ist dann zu beachten, wenn Hochstände (zum Beispiel Ansitzleitern oder Baumsitze) direkt an lebende Bäume montiert werden.

Für den Hochstandbau werden zumeist Nadelhölzer, vor allem Fichten, Lärchen, Kiefern, Douglasien oder Tannen, verwendet. Sie sind im Vergleich zu Laubhölzern (zum Beispiel Eichen) gewichts- und auch kostenschonender.

Der Holzfeuchtegehalt hat einen wesentlichen Einfluss auf die Holzfestigkeit, auf die Dichte und somit auch auf das Materialgewicht. Wird Holz frisch geschnitten („saftfrisch"), hat es einen

Nur ein gesunder Holzquerschnitt kann Belastungen widerstehen, wohingegen verwitterte Holzbereiche (durch Fäulnis, mechanische Zerstörung usw.) nicht mehr zur Lastableitung beitragen können.

Feuchtigkeitsgehalt von bis zu 150 %. Wasser kann bei über 100 % Feuchtegehalt nicht im Holz gehalten werden und läuft demnach bei den Schnittstellen aus. Wird geschnittenes Holz kurze Zeit im Wald gelagert, reduziert sich die Holzfeuchte auf etwa 60 %. Dabei ist vom „waldfrischen" Holz bzw. „grünen" Zustand die Rede. Wird dieses dann entsprechend gelagert („lufttrockener" Zustand), sinkt die Holzfeuchte in einen Restbereich von etwa 15-18 %. Analog zur Reduktion der Holzfeuchte geht auch eine Gewichtsabnahme einher. - Wichtig für den Hochstandbau!

So variiert beispielsweise bei Lärchenholz die Dichte über eine Bandbreite von etwa 470-620 kg/m^3 (lufttrockener Zustand, 15-18 % Feuchtigkeit) bis hin zu 750-800 kg/m^3 (waldfrischer/grüner Zustand, 60 % Feuchtigkeit). Die Dichte von Fichtenholz erstreckt sich in Abhängigkeit der Holzfeuchte über eine Bandbreite von etwa 430-850 kg/m^3, was einer relativen Gewichtsdifferenz von bis zu 50 % entspricht.

Immerhin werden beim Hochstandbau auch längere bzw. größere Bauteile (zum Beispiel Stangenholz) verarbeitet, welche ein dementsprechendes und nicht zu unterschätzendes Gewicht aufweisen. Dabei stellt das bereits getrocknete und damit leichter gewordene Material beim Zurechtlegen, Ziehen, Auf- und Umstellen im Rahmen des Hochstandbaus eine enorme Erleichterung dar, womit auch eine reduzierte Unfallgefahr verbunden werden kann. Eine Gegenüberstellung macht es deutlich: Eine Fichtenstange mit einem mittleren Durchmesser von 12 cm und einer Länge von 4 m wiegt im waldfrischen Zustand bis zu 38 kg und lufttrocken nur etwa 19 kg. Die Festigkeitseigenschaften werden neben der Dichte und dem Feuchtigkeitsgehalt jedoch auch von weiteren Faktoren, wie Holzart, Astigkeit usw., beeinflusst.

Stangen- oder Kantholz?

Als Jäger steht man beim Bau eines Hochstandes oftmals vor der Frage, ob Stangen- oder Kantholz (Schnittholz) verbaut werden soll. Diese Frage kann jedoch nicht pauschal beantwortet werden. In der Praxis bieten beide Formen Vorteile in ihrer Anwendung. Die Abwägung von bestimmten Kriterien bietet Hilfestellung für die geeignete Auswahl.

» *Bezug und Verfügbarkeit*
Der große Vorteil von Stangenholz im Vergleich zu Kantholz liegt darin, dass dieses oftmals aus Wäldern des eigenen Reviers stammt und somit nur wenig Transportaufwand erfordert. Oftmals genügt eine freundliche Anfrage beim Waldbesitzer, und schon ist die Freigabe erteilt, die Stangen in der benötigten Dimension ernten zu dürfen. Um Kantholz zu beziehen, ist hingegen eine Fahrt zum Baumarkt oder Sägewerk unumgänglich.

Eine Fichtenstange mit einem mittleren Durchmesser von 12 cm und einer Länge von 4 m wiegt im waldfrischen Zustand bis zu 38 kg und lufttrocken nur etwa 19 kg - also lediglich die Hälfte.

» *Vorbereitung*
Wer Stangenholz verwenden möchte, muss etwas weiter vorausplanen, denn bis es tatsächlich verbaut werden kann, ist ein gewisser Zeit- und Kraftaufwand erforderlich. Die geeigneten Stangen sind vorab auszuwählen, zu schneiden, zu entasten, zu entrinden und zu trocknen. Erst dann können bzw. sollten sie verbaut werden. Im Gegensatz dazu kann beim Einsatz von Kantholz sofort nach dem Kauf losgelegt werden, da dieses im Baumarkt bereits getrocknet angeboten wird. Wird nachträglich noch zusätzliches Kantholz benötigt, ist dieses aus dem Baumarkt rasch organisiert.

» *Geometrische Form und Bearbeitbarkeit*
Natürlich gewachsenes Rundholz verjüngt sich nach oben hin stetig. Ihre Oberfläche ist mit Ästen versehen und auch nicht eben. Stangenholz ist entlang der Stammachse nicht immer gerade. Zudem ist der Querschnitt rund, weshalb bei der Verbindung zweier Rundlinge jeweils an den Kontaktflächen abgeflacht werden muss, um entsprechenden Halt zu erzielen. Stangenholz reißt beim Nageln oder Schrauben an den Holzrändern bzw. -enden tendenziell nicht so aus wie Kantholz. Zudem bietet Stangenholz gegenüber geschnittenem Kantholz bessere Festigkeitseigenschaften, weil der natürlich gewachsene, faserartige Aufbau belassen und nicht aufgeschnitten wird. Werden Stangen in Längsrichtung aufgeschnitten und als Halblinge für Verblendungen oder Kanzelseiten eingesetzt, ist zu beachten, dass diese aufgrund der gewachsenen Oberflächen nicht perfekt zusammenpassen und demnach auch nicht winddicht sind. In den Bauteildimensionen gibt es so gut wie keine Einschränkungen, denn für größere Hochsitze und den damit verbundenen längeren Stangen finden sich fast immer passende Bäume zum Ernten.

Anders sieht dies bei Kantholz aus, welches über einen quadratischen oder rechteckigen Querschnitt verfügt. Die gerade Oberfläche bietet gute Kontaktflächen bei Verbindungsstellen mit anderen Bauteilen. Die gleichbleibenden Querschnitte ermöglichen eine Serienfertigung von mehreren Reviereinrichtungen (zum Beispiel Bodensitze oder Riegeljagdhochstände), ohne stets Naturmaß nehmen zu müssen (wie beim Stangenholz). Im Baumarkt sollte bei der Auswahl von Kantholz darauf geachtet werden, dass es möglichst wenig verwunden oder durchgebogen ist, um die Verarbeitung nicht zu erschweren. Zudem ist bei der Auswahl der einzelnen Kanthölzer zu beachten, dass nicht der gesamte Kern, sondern ein Teil des Splints im Kantholzquerschnitt enthalten ist, damit es nicht zu vorprogrammierten Rissen kommt. Die Beanspruchbarkeit bzw. Festigkeit ist

Bei der Auswahl der Kanthölzer ist zu beachten, dass nicht der gesamte Kern, sondern nur ein Teil des Splints im Kantholzquerschnitt enthalten ist, damit es nicht zu vorprogrammierten Rissen kommt.

umso höher, je weniger Aststellen vorhanden sind. Wird ein frisch geschlagener Baum zum Aufschneiden ins Sägewerk gebracht, ist die nachherige waagrechte Lagerung mit zwischenliegenden Stapelleisten (zur natürlichen Belüftung) wichtig, damit sich Bretter, Staffeln oder Pfosten möglichst nicht verwinden oder durchbiegen können. Dabei ist es günstig, wenn die Kanthölzer im Abstand zueinander aufgestapelt werden, um komplett mit Luft umgeben zu sein und entsprechend trocknen zu können. Stehen die Stapelleisten links und rechts über die zu trocknenden Kanthölzer hinaus, können sich diese nur sehr schwer verwinden und bleiben möglichst in ihrer Form bestehen. Zudem sollten Kanthölzer mit einer Überdachung versehen sein und nicht im Gras aufliegen.

» *Optik*
Gewachsene Stangen fügen sich zumeist sehr gut in ihr natürliches Umfeld, vor allem in Waldbeständen, ein. Im Gegensatz dazu sollten Kanthölzer aufgrund deren sägerauer Oberfläche mit Holzschutzmitteln eingestrichen werden, damit sie einerseits aufgrund ihrer natürlichen hellen Farbe nicht so sehr aus ihrer vegetativen Umgebung herausstechen und andererseits auch Regenwasser besser ableiten können. Bei Stangenholz ist es aufgrund der glatten Oberfläche nicht notwendig, Holzschutzmittel zu verwenden.

Links: Frisch aufgeschnittenes Kant- bzw. Schnittholz ist richtig zu stapeln, damit es sich nicht verbiegt oder verwindet.
Rechts: Für die Serienfertigung von Hochständen bieten Kanthölzer einige Vorteile gegenüber Rundholz.

Entrinden mit dem Schäleisen oder einem Schälaufsatz auf einer Motorsäge.

Achtung bei Stangenholz, das mit Harvestern geerntet und dadurch an der Rinde verletzt wurde. - Unbedingt schälen.

» *Gretchenfrage: Wozu Stangen entrinden?*

Geschlagenes Stangenholz kann sich auf natürliche Weise nicht mehr vor Fäulnis oder Schädlingsangriffen schützen. Deshalb ist es auch ratsam, Stangen zu entrinden, um tierischen oder pflanzlichen Schädlingen keine Möglichkeit zu geben, sich unter der Rinde einzunisten und das Holz sukzessive zu zersetzen. Dabei können am einfachsten Schäleisen verwendet werden. Möchte man nicht so großen Kraftaufwand für das Schälen investieren, gibt es praktischerweise auch Schälaufsätze für Motorsägen, mit denen im Handumdrehen die Rinde abgefräst werden kann. Bei von Holzvollerntern (Harvestern) geschlägertem Stangenholz ist ein Entrinden jedenfalls zu empfehlen, da durch die angewandte Erntemethode die Rinde an mehreren Stellen entlang der gesamten Stangenlänge zerstört wird. Dadurch wird Schädlingen der Weg zum Einnisten im Inneren des Baumes geebnet. Dies sollte unbedingt verhindert werden, daher schälen!

» *Kosten*
Ein gutes Auskommen mit den Grundbesitzern des Reviers ist wärmstens zu empfehlen. Einerseits ist deren Zustimmung für das Aufstellen eines Hochstandes erforderlich, andererseits erteilen Waldbesitzer Jägern vielerorts die Erlaubnis, die benötigten Bäume für den Hochstandbau kostenlos oder für überschaubares Geld selbst ernten zu dürfen. Immerhin sind sie daran interessiert, dass im Sinne der Wildschadenvermeidung auf ihren Flächen gejagt wird. So gesehen ist Stangenholz in puncto Materialkosten um einiges günstiger zu bewerten als Kantholz. Nicht vergessen werden darf dabei die Arbeitszeit, die jedoch oftmals nicht nach barer Münze bewertet wird, da es sich beim Handwerk Jagd um ein Hobby oder besser gesagt eine Leidenschaft handelt. Kanthölzer hingegen haben ihren Preis und erfordern zudem noch den Transport ins Revier, welcher keinesfalls unterschätzt werden sollte. In ihre Kostenbilanz sind auch noch entsprechende Holzschutzmittel einzurechnen, die bei Stangenholz entfallen.

Holzschutz

Hochstände stellen in der Regel kein Projekt für kurze Zeit dar, sondern werden für die kommenden Jagdjahre und teilweise auch für ganze Jagdperioden errichtet. Damit die Sicherheit und Funktionstauglichkeit auch möglichst lange gewahrt bleibt, ist es wichtig, die Reviereinrichtung nach konstruktiven Grundregeln zu errichten und entsprechend regelmäßig zu pflegen. Dabei spielt bei der Materialauswahl auch die Witterungsbeständigkeit von Holz eine wesentliche Rolle. Die Dauerhaftigkeit der unterschiedlichen Holzarten wird von Parametern, wie unter anderem Holzart, Dichte, Harzgehalt, Holzhärte, Kernholzanteil, Holzfeuchte, Anteil an robustem Spätholz oder Holzschutzmitteln, beeinflusst. Um eine hohe Lebensdauer von Holz unter natürlichen Witterungsbedingungen zu gewährleisten, sollte der Feuchteeinfluss (vor allem das oftmalige Wechselspiel zwischen Feuchtwerden und Trocknen) als auch der Angriff von tierischen oder pflanzlichen Schädlingen möglichst vermieden werden. Holzschutz kann sowohl konstruktiv als auch auf chemische Weise mithilfe von Holzschutzmitteln erreicht werden.

Damit die Sicherheit und Funktionstauglichkeit auch möglichst lange gewahrt bleibt, ist es wichtig, die Reviereinrichtung nach konstruktiven Grundregeln zu errichten und entsprechend regelmäßig zu pflegen.

Holzschutz kann sowohl rein konstruktiv als auch auf chemische Weise mithilfe von Holzschutzmitteln erreicht werden.

Chemischer Holzschutz

Der chemische Holzschutz hat die Aufgabe, Holz gegen Schädlingsangriffe zu schützen. Dabei werden die holzzerstörenden Organismen in pflanzliche und tierische Holzschädlinge unterschieden. Zu den pflanzlichen Holzschädlingen zählen zum Beispiel Pilze. Den tierischen Holzschädlingen können Käfer (zum Beispiel verschiedene Bockkäfer oder die artenreiche Familie der Borkenkäfer), Holzwespen, Ameisen usw. zugeordnet werden.

Chemische Holzschutzmittel werden auf die zu schützenden Holzbauteile aufgetragen, um deren Dauerhaftigkeit zu erhöhen. Dabei wirken Holzschutzmittel als Giftstoff für die Holzschädlinge oder machen das Holz für sie ungenießbar. In diesem Buch soll der Fokus in erster Linie auf den konstruktiven Holzschutz gelegt werden, weswegen für eine Beratung zur Auswahl des passenden chemischen Holzschutzes an den Fachhandel verwiesen wird.

Konstruktiver Holzschutz

Unter konstruktivem Holzschutz sind jene baulichen Maßnahmen zu verstehen, die die Lebensdauer erhöhen und Angriffe von Holzschädlingen (zum Beispiel Pilze, Käfer usw.) möglichst verhindern. Konstruktiver Holzschutz beginnt bereits bei der Auswahl geeigneter dauerhafter Holzarten. Als „sehr dauerhaft" können in der Praxis beispielsweise Holzarten, wie Lärche, Eiche oder Ulme, bezeichnet werden. Fichten, Kiefern und Tannen gelten hingegen als „ziemlich dauerhaft". Als „wenig dauerhaft" wird zum Beispiel Ahorn-, Birken- oder Pappelholz eingestuft. Grundsätzlich kann der konstruktive Holzschutz in zwei Grundregeln zusammengefasst werden: Einerseits gilt es, die Konstruktion derart zu gestalten, dass bestimmte Teile vor Feuchtigkeit geschützt werden, und andererseits ungeschützte Bauteile nach einem Regenschauer gut und rasch abtrocknen können.

» *Schutz vor Feuchtigkeit*
Den besten Schutz vor Regen bietet ein dichtes Dach mit entsprechendem Dachüberstand. Ich persönlich statte meine Hochstände in der Regel mit einem Dachvorsprung von möglichst 25 cm aufwärts aus. Dabei werden die Fensteröffnungen auch bei Schrägregen größtenteils geschützt. Damit das auf dem Dach abfließende Wasser ungehindert Richtung Boden ablaufen bzw. abtropfen kann und nicht an der Dachunterseite Richtung Kanzel zuläuft, sollte eine sogenannte „Tropfkante" ausgebildet werden. Besonderes Augenmerk ist auch auf den dichten umlaufenden Anschluss vom Dach zu den Außenwänden der Kanzel zu legen. Ist dieser Bereich undicht, können Insekten oder Feuchtigkeit das Kanzelinnere ungehindert erreichen.

Deckleisten über den stumpf aneinander angeordneten Verschalungsbrettern sorgen dafür, dass mit der Zeit keine Luftspalte entstehen und die Kanzel dadurch dicht bleibt.

Hochstände ohne Dach sind den natürlichen Witterungsverhältnissen weitaus stärker ausgesetzt, wodurch deren Lebensdauer deutlich reduziert wird.

Grundsätzlich sollten alle Öffnungen (Fenster und Türen) bei geschlossenen Kanzeln aus den genannten Gründen dicht sein. Erleichtert wird dies, wenn Fenster oder Türen außen angeschlagen werden, damit sie die Öffnungen umschließen und abdecken. Eine Leiste über Fenster und Tür, die zugleich als kleines Vordach wirkt, hilft, um Wasser nicht hinter die Fenster oder Tür ins Kanzelinnere eindringen zu lassen.

Werden Bretter zur Verschalung der Kanzelseiten stumpf aneinander angeordnet, können mit der Zeit kleine Fugen entstehen, da Holz entsprechend den Witterungsbedingungen „arbeitet". Dadurch können nicht nur Insekten ins Kanzelinnere, sondern bei Regen und Sturm auch Feuchtigkeit förmlich hineingepresst werden. Schmale Deckleisten direkt über den Stößen der Verschalungsbretter halten die Kanzel dicht.

Sowohl bei den Seitenwänden als auch bei der Tür ist es ratsam, diese bis über die Bodenkonstruktion hinunterzuziehen, um Wasser entsprechend nach unten abzuleiten. Stehen die Seitenwände oder die Tür auf der Bodenkonstruktion auf, kann diese von außen Feuchtigkeit sukzessive ins Kanzelinnere ziehen. Ein rasches Abtrocknen ist aufgrund der (bei geschlossenen Kanzeln) dichten Bauweise dann nicht wirklich möglich, und schon ist das optimale feuchte Klima für Holzschädlinge geschaffen, die mit dem Holzzerstörungs-

Links: Die Holzenden (Hirnhölzer) der Hauptstützen werden leider nicht unter den Kanzelboden geführt. Ein überstehendes Kanzeldach schützt sie nur teilweise vor Witterungseinflüssen.
Rechts: Top! Bei diesem Hochstand (Blick von unten) werden die oberen Teile des Kanzelbockes vom Kanzelboden vor Feuchtigkeit geschützt.

prozess beginnen können. Verfügt die Kanzel dann noch über eine Bodenverkleidung in Form eines Teppichs oder mit Filz tapezierte Innenseiten, wirken diese wie Feuchtigkeitsspeicher. Besonders gefährlich wird es, wenn der Bodenaufbau sukzessive fault und dieser Missstand aufgrund des daraufliegenden Teppichbelags nicht erkannt wird. Hier herrscht in weiterer Folge Durchbruchgefahr! Deshalb ist dies ein wesentlicher Punkt auf der Checkliste für die zumindest jährliche Sicherheitsüberprüfung.

Es ist wichtig, dass die oberen Elemente des Kanzelbockes im Sinne des konstruktiven Holzschutzes möglichst vom Kanzelboden und Podest geschützt werden. Immerhin kann der Kanzelbock als statisches und sicherheitstechnisches „Rückgrat" des Hochstandes bezeichnet werden. Wurden die Hauptstützen nicht bis unter den schützenden Kanzelboden oder das Podest geführt, können nachträglich auch die sonst offen liegenden horizontalen Schnittflächen (Hirnhölzer) mit Metall- oder Kunststoffkappen abgedeckt und somit vor Regenwasser geschützt werden. Eine weitere Möglichkeit für einen solchen Witterungsschutz bietet auch eine Verblechung in Eigenproduktion.

» *Maßnahmen für rasches Abtrocknen*

Nicht alle Bauteile eines Hochstandes können vor Feuchtigkeit geschützt werden. Damit es zu keiner Staunässe kommt, sollte die Konstruktion so ausgelegt sein, dass Regenwasser möglichst gut ablaufen und rasch austrocknen kann.

Wird eine Nut-Feder-Verschalung gewählt, ist diese empfehlenswerterweise vertikal zu montieren, sodass Wasser besser ablaufen kann. Des Öfteren kommen auch für die Kanzelwände Platten aus unterschiedlichen, teilweise witterungsbeständigen Materialien zum Einsatz (zum Beispiel Siebdruckplatten), die nur wenige bis keine Stöße oder Fugen aufweisen.

Links: Konstruktiv ungeschützte horizontale Schnittflächen von lastabtragenden Bauteilen (zum Beispiel obere Holzenden der Hauptstützen) sollten mit Kunststoff- oder Metallkappen geschützt werden.
Rechts: Der Schutz von horizontalen Schnittflächen ist auch durch eine Verblechung in Eigenregie möglich. Noch besser wäre es, wenn die Nägel seitlich und nicht von oben eingeschlagen wären.

Hochstände sollten frei von Bewuchs sein. Dies ist zum Zeitpunkt der Errichtung eventuell noch gar nicht so ersichtlich, aber in den drauffolgenden Jahren wurde schon so mancher Hochstand von Brombeerstauden oder anderem Grün geradezu verschlungen. Dabei speichert die umgebende Vegetation Feuchtigkeit, womit Holzfäulnis beschleunigt wird und zudem die für die Austrocknung wichtigen Sonnenstrahlen abgehalten werden. Regelmäßiges Freischneiden - am besten im Rahmen der mindestens jährlichen Sicherheitsüberprüfung - hilft, den Bewuchs erst gar nicht aufkommen zu lassen. Für das Zurückschneiden eignen sich die späten Wintermonate besonders gut, da hier aufgrund fehlenden Blattwerks oftmals weniger Aufwand entsteht.

Generell sind Hochstände vor dauerhaftem Kontakt mit Feuchtigkeit zu schützen. Dies bedeutet, dass die Hauptstützen nicht direkt am Erdreich aufstehen dürfen, sondern auf entsprechend ebenen Fundamenten sicher platziert werden sollten. Selbiges gilt auch für Fundamente von Leiterholmen und Schrägstützen im Sinne der Windsicherung. Erdanker sollten aus Metall ausgeführt sein, um ihre Ankerwirkung dauerhaft zu erhalten. Holzanker - wenngleich auch aus Hartholz - können an dieser Stelle nicht empfohlen werden.

Beim Einsatz von Rundholz beim Hochstandbau ist es jedenfalls im Sinne des konstruktiven Holzschutzes vorteilhaft, wenn diese zuvor entrindet werden. Dadurch können sich einerseits keine Insekten unter der Rinde einnisten und den Holzzersetzungsprozess starten, und andererseits kann eine raschere Trocknung nach Niederschlagsereignissen stattfinden.

Bei Verbindungsstellen von Bauteilen ist darauf zu achten, dass beim Eintreiben von Nägeln oder Schrauben Spaltrisse möglichst verhindert werden, über welche wiederum Feuchtigkeit leichter ins Holz eindringen kann. Dagegen hilft Vorbohren, auch bei Nagelverbindungen! Des Weiteren sollten Nägel oder

Umgebender Bewuchs speichert Feuchtigkeit und verlangsamt die Austrocknung. Deshalb regelmäßig ausschneiden, bevor die Vegetation diesen Riegeljagdhochstand vollends einhüllt.

Schrauben nicht zu knapp beim Hirnholz (Holzende) angesetzt werden, da bei zu geringem Randabstand sehr leicht Spaltrisse zum Hirnholz hin entstehen können. Ist dies der Fall, bietet die Verbindungsstelle nicht mehr den gewünschten Halt. Bedenkt man zusätzlich, dass der Verwitterungsprozess bevorzugt an den Holzenden beginnt, liegt ein weiteres Argument vor, Holzbauteile mit genügend großem Randabstand über die Verbindungsmittel hinausragen zu lassen.

Besonders für stärker belastete und den Witterungsbedingungen ausgesetzte Bauteile (zum Beispiel Leitersprossen, Brüstungen bei Ansitzleitern oder Böden von unüberdachten Ständen) werden gerne resistentere Holzarten wie Lärche gewählt.

Hochstände sollen uns Jägern viele Jahre oder Jahrzehnte sicher zur Verfügung stehen und müssen daher auch auf diese Dauer ausgelegt werden. Wer Holz einsetzt, muss sich bewusst sein, dass eine natürliche, sukzessive Zersetzung geschieht. Der Zahn der Zeit nagt förmlich an unseren Hochständen. Wer schon bei der Gestaltung der Reviereinrichtungen darauf achtet, dass sie möglichst vor Feuchtigkeit geschützt sind und auch nach einem Niederschlagsereignis wieder rasch abtrocknen können, erhöht deren Dauerhaftigkeit und damit auch deren Konstruktionssicherheit enorm. Es gibt demnach eine Prämisse für den Hochstandbau; diese lautet: In puncto Materialauswahl und Konstruktionsweise soll nicht an das „Jetzt“, sondern an das „Später“ gedacht werden. Das bedeutet, dass Bauteile bei der Errichtung möglichst stark dimensioniert werden sollten, auch wenn diese starken Bauteile in den ersten Jahren noch nicht wirklich erforderlich wären. Bei Holzbauteilen kann eben nur der gesunde (noch nicht zersetzte Holzquerschnitt) zur Lastableitung beitragen. Die natürliche Verwitterung ist somit bei der Errichtung des Hochstandes ein Stück weit einzukalkulieren. Zudem sind spätere Reparaturen in luftiger

CHECKLISTE

- » Dach mit entsprechendem Überstand zum Schutz vor Niederschlag ausführen
- » Eine Tropfnase auf der Dachunterseite lässt Regenwasser abtropfen und verhindert ein Zulaufen in Richtung Kanzelseitenwand.
- » Fenster und Türen bei geschlossenen Kanzeln zur Abdeckung der Öffnungen nach außen angeschlagen (inkl. Leiste als kleines Vordach)
- » Bei stumpf aneinander angeordneten Wandverschalungsbrettern helfen schmale Deckleisten, die eventuell entstehenden Fugen zu überdecken.
- » Stehen Kanzelseitenwände sowie die Tür nicht am Kanzelboden auf, sondern ragen darüber hinaus, wird dieser Anschluss vor eindringender Feuchtigkeit geschützt.
- » Werden die oberen Enden der Hauptstützen bis unter den Kanzelboden bzw. das Podest geführt, werden die oberen Schnittflächen vor der natürlichen Witterung geschützt.
- » Nut-Feder-Verschalungen vertikal ausführen, damit Regenwasser besser abfließen kann
- » Hochstände regelmäßig vom umgebenden vegetativen Bewuchs freischneiden
- » Dauerhaften Kontakt von Holzbauteilen mit dem Erdreich vermeiden! Fundamente unterbinden den Feuchtigkeitstransport vom Erdboden ins Holz.
- » Wird Rundholz verwendet, sollte dieses entrindet werden.
- » Spaltrisse sind bei Verbindungsstellen zu vermeiden. Dagegen hilft Vorbohren - für Nägel und Holzschrauben.
- » Ausreichend große Randabstände verhindern Risse vom Verbindungsmittel zum Holzende (Hirnholz) und schützen dadurch die Verbindungsstelle.

Eine Checkliste bietet viele praktische Maßnahmen, um den konstruktiven Holzschutz bestmöglich umzusetzen.

Höhe sehr gefährlich und sind oftmals auch gar nicht notwendig, wenn bereits bei der Errichtung die Konstruktionssicherheit an oberster Stelle steht!

METALL

Auch wenn im Hochstandbau der dominierende Werkstoff Holz ist, kommen durchaus einige Bauteile aus Metall - insbesondere aus Stahl - zum Einsatz. Dabei muss berücksichtigt werden, dass das Gewicht von Stahl um ein Vielfaches höher ist als das von Holz (Dichte 7.850 kg/m^3) und auch nicht so einfach bearbeitet werden kann (zum Beispiel Schneiden, Bohren, Schweißen usw.). Jedoch verfügt Stahl über eine weitaus höhere Festigkeit (sowohl Zug-, Druck als auch Biegezugfestigkeit) und kann dadurch mit

Einsatzmöglichkeiten von Metall: Montagerahmen aus verzinktem Stahl.

schlankeren Bauteilen realisiert werden. Verbindungsmöglichkeiten zwischen Stahlbauteilen sind Schraub- oder Schweißverbindungen. In puncto Materialkosten spielt Stahl in einer viel höheren Liga als Holz.

Ungeschützter Stahl ist zwar widerstandsfähiger als Holz, korrodiert jedoch ebenso beim Kontakt mit Feuchtigkeit. Deshalb sind Stahlbauteile stets mit Rostschutzfarbe zu streichen, zu lackieren, zu pulverbeschichten oder mithilfe einer Verzinkung vor Witterungseinflüssen zu schützen.

Im Hochstandbau kommt Stahl häufigerweise in Form von Erdankern vor, weil sie von den feuchten Bedingungen im Erdreich unberührt bleiben und an Ankerwirkung nicht verlieren. Beliebt sind auch Montagerahmen oder Kanzelecken, welche den Hochständen stabilen Halt geben. Bei mobilen Kanzeln wird die fahrbare Unterkonstruktion aufgrund der zusätzlichen dynamischen Belastungen während der Fahrt in der Regel aus Stahl gefertigt. Manchmal werden auch komplette Kanzelböcke aus Stahlprofilen zusammengesetzt bzw. zusammengeschweißt.

Am Metallsektor wird neben Stahl aber auch gerne (beschichtetes) Aluminium für den Hochstandbau verwendet. Aufgrund der guten Festigkeitseigenschaften und des vergleichsweise geringen Gewichts der hohlen Bauteile bietet sich dieser Werkstoff besonders für mobile Reviereinrichtungen an, die in kurzer Zeit abgebaut und an einem anderen Ort ohne schweren Geräteeinsatz wieder aufgestellt werden können. Für diese Anforderungen hält der Markt ein großes Angebot an Ansitzeinrichtungen, wie zum Beispiel Scherenleitern, Bodensitze oder andere Reviereinrichtungen aus Aluminium, parat.

Weitere mögliche metallische Bauteile beim Hochstandbau sind beispielsweise Verbindungsmittel (Nägel, Schrauben, Gewindestangen & Co), Trapezbleche als Dachabdichtung oder Verschlüsse bei Fenstern und Türen.

i

Aufgrund der guten Festigkeitseigenschaften und des vergleichsweise geringen Gewichts der hohlen Bauteile bietet sich Aluminium besonders für mobile Reviereinrichtungen an, die in kurzer Zeit abgebaut und an einem anderen Ort ohne schweren Geräteeinsatz wieder aufgestellt werden können.

AUF EWIG VERBUNDEN

KONSTRUKTIONSVERBINDUNGEN AUS HOLZ

Damit wir Hochstände über viele Jahre und Jagdperioden sicher in den Revieren benutzen können, spielt bei deren Errichtung die richtige Auswahl und Ausgestaltung der Konstruktionsverbindungen eine wesentliche Rolle. Kraftschlüssige Konstruktionsverbindungen im Holzbau benötigen ausreichend starke Bauteile, entsprechend dimensionierte Verbindungsmittel (Nägel, Schrauben & Co) und deren geometrisch richtige Anordnung (zum Beispiel Randabstände). Eine Grundregel lautet, dass tragende Bauteile bei Holzverbindungen nicht geschwächt (zum Beispiel eingeschnitten oder eingefräst) werden sollen, um deren Tragfähigkeit nicht zu reduzieren. Somit wird auch die Lebensdauer eines Hochstandes maßgeblich durch die Ausgestaltung seiner Verbindungsstellen beeinflusst.

Zur Erinnerung: Für den Hochstandbau gibt es in Österreich keine verbindlich einzuhaltenden technischen Regelwerke. Auch technische Vorschriften (zum Beispiel Normen oder Richtlinien) aus der Baubranche haben für Hochstandkonstruktionen keine Relevanz. Jäger sind Privatpersonen und somit im Regelfall keine ausgebildeten Fachleute im Holzbau. Sie handeln mit ihrem handwerklichen Geschick sowie bestem Wissen und Gewissen. Bauteile oder Verbindungsstellen können bei zweckmäßiger Nutzung mit den zu erwartenden Anforderungen an die Konstruktion beansprucht werden (zum Beispiel Rüttelprobe), um die Konstruktionssicherheit möglichst einfach zu prüfen. Die in diesem Buch angegebenen Dimensionierungsformeln bieten demnach (lediglich) Anhaltspunkte und Empfehlungen, um beim Hochstandbau auf der sicheren Seite zu sein.

VERBINDUNGSMITTEL

Die zumeist verwendeten Verbindungsmittel im Hochstandbau stellen definitiv Nägel, Holzschrauben, Gewindestangen und Passbolzen dar. Aber welche Schrauben- oder Nageldimensionen sollen nun für gewisse Verbindungen gewählt werden? Oder wäre doch eine Gewindestange oder ein Passbolzen die richtige Wahl? Einige Eckpunkte geben Antwort auf diese Fragen, um das geeignete Verbindungsmittel auszuwählen und an der richtigen Stelle zu befestigen. Eines steht jedoch jetzt schon fest: Bei Verbindungsmitteln muss unbedingt auf die Qualität geachtet werden. Wer hier nicht qualitativ hochwertige Nägel, Schrauben & Co verwendet, geht ein entsprechendes Sicherheitsrisiko ein. Ein

Eine Grundregel lautet, dass tragende Bauteile bei Holzverbindungen nicht geschwächt (zum Beispiel eingeschnitten oder eingefräst) werden sollen, um deren Tragfähigkeit nicht zu reduzieren.

Wird nicht vorgebohrt (links), sind oftmals Spaltrisse die Folge. Vorgebohrte Nagelverbindungen (rechts) bieten einen besseren Halt und sorgen für weniger Spaltgefahr.

Versagen eines Verbindungsmittels kann folgenschwere Unfälle (zum Beispiel ein Abstürzen) beim Benutzen von Hochständen nach sich ziehen. Eine Investition in hohe Produktqualität lohnt sich also allemal, um Reviereinrichtungen möglichst lang und sicher jagdlich nutzen zu können.

Nägel

Historisch gesehen ist der Nagel (Drahtstift bzw. Zimmermannsnagel) definitiv der Klassiker unter den Verbindungsmitteln. Mit lediglich ein paar Hammerschlägen ist er im Holz versenkt und hat zwei Holzbauteile miteinander verbunden. Wer jedoch schon viele stärkere Nägel eingeschlagen hat, weiß, dass die Kraftanstrengung nicht zu unterschätzen ist. Ein einziger ungünstiger Schlag, und schon ist der Nagel verbogen oder das Holz beschädigt. Er muss dann wieder zurechtgebogen werden (zum Beispiel mit einer Zange), um ihn anschließend weiter einschlagen zu können. Beim Hämmern werden auf die Reviereinrichtung Vibrations- bzw. Prellbelastungen übertragen, die manchmal andere Nagelverbindungen wieder lockern können. Auch das Entfernen von bereits eingetriebenen Nägeln ist nicht so einfach. Somit muss man sich vorab genau überlegen, wo der Nagel hinein soll. Nachdem für den Hochstandbau Nägel im Außenbereich verwendet werden, ist der Einsatz verzinkter Nägel empfehlenswert. Auch bei Nägeln sollte auf eine entsprechende Qualität geachtet werden.

Vorgebohrte Nagelverbindungen haben eine deutlich höhere Lochleibungsfestigkeit als nicht vorgebohrte. Das bedeutet, dass ihr Widerstand gegen das Durchreißen eines Nagels durch das Holz höher ist als bei nicht vorgebohrten Nagelverbindungen. Nägel in vorgebohrten Löchern sitzen somit nicht nur kraftschlüssiger im Holz, sondern können auch größere Kräfte übertragen. Zudem wird der Nagel im bzw. durch das Holz geführt und die Gefahr des Verbiegens deutlich reduziert. Der Durchmesser vorgebohrter Löcher sollte maximal 80 % des Nageldurchmessers (0,8-facher Nageldurchmesser) betragen, um beim Eintreiben des Nagels trotzdem noch eine gewisse Holzverdrängung und damit einen Kraftschluss zu bewirken. Wird nicht vorgebohrt, können beim Eintreiben der Nägel Spaltrisse entstehen, welche zusätzliche Feuchtigkeit ins Holz ziehen und dementsprechend nachteilig auf die Dauerhaftigkeit der Nagelverbindung wirken. Wird die Nagelspitze vor dem Einschlagen in schlankere Holzbretter oder Holzbauteile mit dem Hammer etwas stumpf geschlagen, kann dem Aufreißen ebenfalls entgegengewirkt werden.

Eine Nagelverbindung (zum Beispiel Leitersprosse mit Holm) sollte zumindest aus zwei Nägeln bestehen. Nägel sind rechtwinkelig zur Faserrichtung des Holzes einzutreiben, sodass ihre Nagelköpfe einen bündigen Abschluss mit der Holzoberfläche bilden. Ins „Hirnholz" (Holzende) sollten somit keine Nägel für eine tragende Verbindung eingeschlagen werden. Selbstredend sind Nägel in ihrer Länge derart auszuwählen, dass sie auch ausreichend tief in das haltende Holz eingetrieben werden können. Dabei ist man jedenfalls auf der sicheren Seite, wenn – unabhängig der Belastungsform – die Einschlagtiefe des Nagels im haltenden Holz zwei Drittel der Nagellänge oder mehr beträgt. Maßgebend ist hierbei die Zugbelastung der Verbindungsmit-

i

Wird nicht vorgebohrt, können beim Eintreiben der Nägel Spaltrisse entstehen, welche zusätzliche Feuchtigkeit ins Holz ziehen und dementsprechend nachteilig auf die Dauerhaftigkeit der Nagelverbindung wirken.

Eine gut sortierte Nagelkiste bietet je nach Anforderung die richtige Nageldimension.

Empfohlene Einschlagtiefen von Nägeln im haltenden Holz (bei Zugbelastung).

Nageldimension (Ø/Länge in Millimeter)	Einschlagtiefe im haltenden Holz (Zugbelastung)
3,1/70	≥47 mm
3,4/90	≥60 mm
4,2/120	≥80 mm
5,5/160	≥107 mm
6,0/180	≥120 mm

tel. Werden Verbindungsmittel jedoch auf Scherung (Belastung eines Körpers durch entgegengesetzte, parallele Kräfte) belastet, kann die Mindesteinschlagtiefe ins haltende Holz etwas reduziert werden. Die nachfolgende Abbildung sowie obige Tabelle bieten diesbezüglich eine einfache Veranschaulichung.

Qualitativ gute Nägel verhalten sich bei Volumensänderungen des Holzes aufgrund von Feuchtigkeitsunterschieden (zum Beispiel Quellen) oder bei wiederkehrenden kleinen Verformungsbelastungen (zum Beispiel Schwanken von Bäumen durch Wind) eher günstig, denn durch ihren glatten Schaft können sie „mitarbeiten". Dabei werden Nägel schlechtestenfalls etwas herausgezogen. Aus diesem Grund ist die regelmäßige Kontrolle und das damit verbundene Nachnageln wesentlich. Bei Holzschrauben sieht es dabei definitiv anders aus, denn durch die Verzahnung ihres Gewindes mit dem Holz kann es vorkommen, dass Holzschrauben mit minderwertiger Qualität abreißen bzw. abscheren und ihre Tragwirkung schlagartig verlieren. Dies bedeutet akute Sicherheitsgefahr!

Qualitativ gute Nägel verhalten sich bei Volumensänderungen des Holzes aufgrund von Feuchtigkeitsunterschieden oder bei wiederkehrenden kleinen Verformungsbelastungen eher günstig, denn durch ihren glatten Schaft können sie „mitarbeiten".

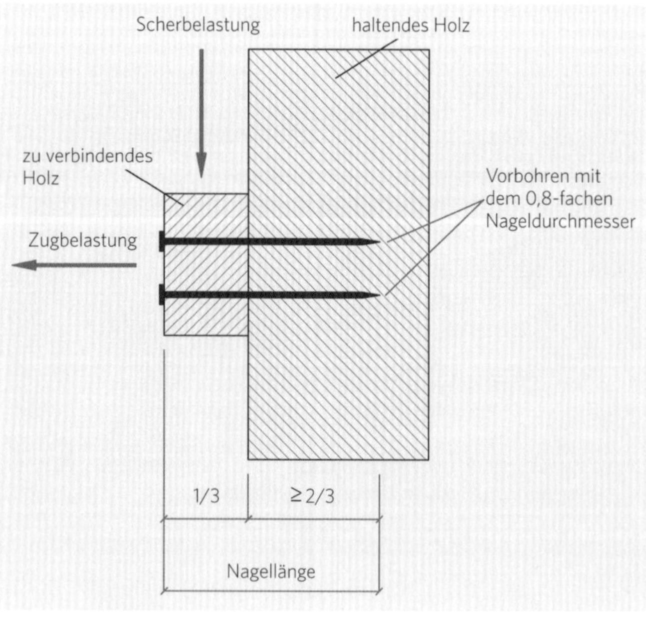

Nägel sollten (bei Zugbelastung) empfohlenerweise zumindest zwei Drittel ins haltende Holz einbinden.

Ein gut sortiertes Sortiment an hochqualitativen Holz(bau)schrauben für den Hochstandbau. Von 6×60 bis 8×200 mm sind viele unterschiedliche Dimensionen mit an Bord!

Holzschrauben

Beim Hochstandbau erfreut sich die Holzschraube immer größerer Beliebtheit, da sie mit ihren Vorteilen gegenüber Nägeln beeindruckt. Jedoch ist Schraube nicht gleich Schraube. Gerade bei Holzschrauben spielt die Materialqualität eine wesentliche Rolle - vor allem im Sinne der Sicherheit! Denken wir an Leitersprossen oder Podestbretter, die bei Kontakt mit Feuchtigkeit oder bei Frost etwas quellen können. Minderwertige Holzschrauben, die im Großgebinde günstigst gekauft werden, sind im Vergleich zu ihren hochwertigen Gleichgesinnten nicht so „flexibel“, sondern eher spröde und können diese minimalen Verformungen nur schlecht bzw. überhaupt nicht aufnehmen oder ausgleichen. Sie scheren oder brechen ab und werden dadurch zur unterschätzten Gefahr, von welcher schwere Unfälle ausgehen können, wenn schlagartig belastete Bauteile versagen. Somit beginnt die Sicherheit eines Hochstandes bereits im Baumarkt bei der Auswahl der passenden und qualitativen Verbindungsmittel. Hierbei soll die Wahl jedenfalls auf Holz(bau)schrauben namhafter Hersteller fallen. Als hochwertige Holzschrauben für den Hochstandbau eignen sich besonders jene für den (bewitterten) Außenbereich, welche aus rostfreiem Edelstahl (Stainless, Bezeichnung zum Beispiel „A2“) gefertigt werden.

Häufige Schraubenköpfe im Vergleich: Senkkopf, Senkfrästaschenkopf, Tellerkopf und Sechskantkopf (Würth).

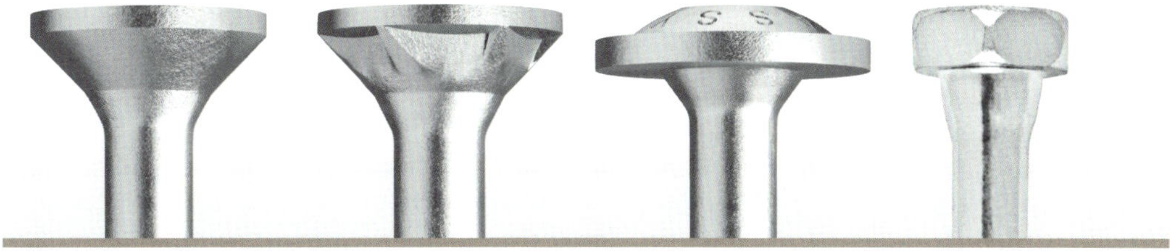

Schraubenköpfe inkl. deren Antriebe im Detail. Torx 3 sowie Sechskant 5 haben sich gegenüber Kreuz 2 und Schlitz 1 im Holzbau durchgesetzt. Zudem bietet der Markt auch herstellerspezifische Antriebe, zum Beispiel RW-Antrieb von Würth 4.

Immerhin lässt sich behaupten, dass ein schlechter Nagel immer noch besser ist als eine schlechte Holzschraube, denn Nägel werden bei Quellbelastungen eher noch etwas herausgezogen als abgeschert. Wenn wir bedenken, wie viel Geld wir Jäger für unsere Ausrüstung ausgeben – begonnen beim Jagdauto bis hin zu Gewehren und Optik –, ist es manchmal erstaunlich, wie sehr bei Reviereinrichtungen gespart wird. Qualitativ hochwertige Holzschrauben sind zwar hochpreisiger, sie bieten jedoch Sicherheit und schützen uns vor folgenschweren Unfällen!

Der Einsatz von Holzschrauben bietet einige Vorteile. So können Schrauben möglichst kraftsparend mit Bohrmaschinen oder Akkuschraubern ins Holz gedreht werden. Auch das Herausdrehen, Neupositionieren und Wiedereindrehen gelingt im Handumdrehen. Im Gegensatz dazu bekommt man eingeschlagene Nägel nicht so leicht und derart materialschonend wieder heraus. Aufgrund des Grobgewindes von Holzschrauben findet eine sehr gute Verzahnung im haltenden Holz statt, weshalb auch der Ausziehwiderstand entsprechend höher als bei Nägeln (glatter Schaft) ist. Demzufolge ist auch der Anpressdruck der verbundenen Hölzer höher, weshalb auch weniger Feuchtigkeit in den Zwischenspalt eindringen kann. Somit sind geschraubte Verbindungen grundsätzlich stabiler als genagelte. Durch die steigende Technologie bei Akkuschraubern mit beträchtlichem Leistungsvermögen kann auch an entlegenen Stellen im Revier mit stärkeren Holz(bau)schrauben gearbeitet werden. Hierbei sollte an volle Ersatzakkus gedacht werden. Auch Notstromaggregate bieten kabelgebundenen Bohrmaschinen entsprechenden Strom abseits der Werkstätte. Beim Arbeiten mit Holzschrauben besteht der Vorteil, dass sie auch einmal schnell mit einer Hand

Eine Merkhilfe für die Auswahl des passenden Außendurchmessers der Unterlegscheibe ist der zumindest 3-fache Gewindestangendurchmesser.

angesetzt und eingeschraubt werden können, während mit der zweiten Hand der Holzbauteil festgehalten wird. Dies ist beim Nageln vergleichsweise schon etwas schwieriger. Die zumeist verwendeten Schraubenkopftypen sind Senkköpfe (bzw. Sonderformen, zum Beispiel Senkfrästaschenköpfe) und Tellerköpfe. Bei Senkkopfschrauben wird der Kopf vollkommen ins Holz eingedreht, sodass er bündig mit der Holzoberfläche abschließt. Die Spaltgefahr ist etwas höher als bei Tellerkopfschrauben. Letztere weisen einen größeren und flacheren, tellerartigen Kopf auf, womit ein höherer Anpressdruck der beiden Hölzer sowie eine höhere Haltekraft erreicht wird. Als Schraubenantriebe auf den Schraubenköpfen haben sich Torx und Sechskant gegenüber Schlitz und Kreuz durchgesetzt, da sie eine bessere Kraftübertragung mit reduzierter Gefahr des Überdrehens bieten. Bei Sechskantköpfen sollten Beilagscheiben verwendet werden, damit es den Kopf nicht ins Holz einziehen kann, was ein Herausdrehen mit der Außenaufnahme (Sechskant) kaum noch möglich macht. Darüber hinaus bietet der Markt herstellerspezifische Antriebe (zum Beispiel RW-Antrieb von Würth), die eine noch bessere Kraftübertragung als herkömmliche Torx-Antriebe bieten. Bei diesen innovativen Antrieben ist die Verzahnung zwischen Bit und Schraubenkopf derart optimiert, dass auch größere Schraubenlängen (zum Beispiel 140 mm) problemlos vom Bit gehalten und präzise geführt werden können. Dies ist vor allem beim einhändigen Arbeiten vorteilhaft.

Für eine tragende Verbindung sind zumindest zwei Holzschrauben erforderlich, die die beiden Holzbauteile entsprechend kraftschlüssig aneinanderpressen. Werden selbstbohrende Holz-

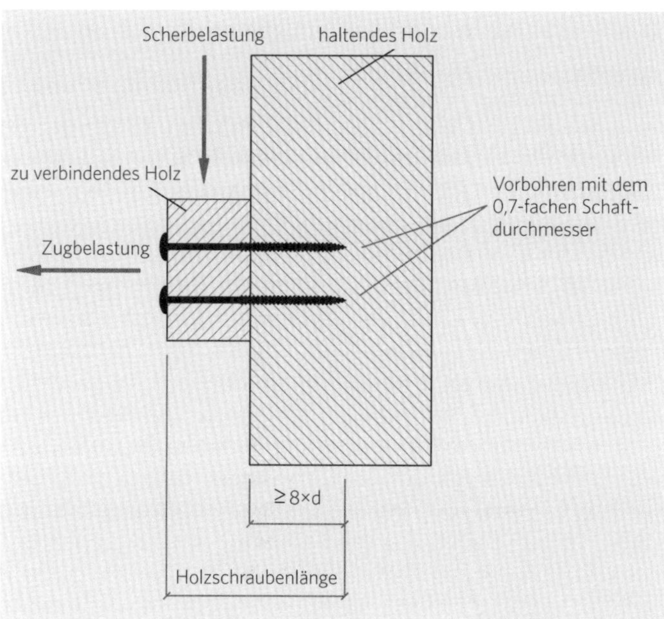

Die Einschraubtiefe im haltenden Holz sollte zumindest 8×d sein. Auf das Vorbohren mit dem 0,7-fachen Schaftdurchmesser nicht vergessen!

Im Größenvergleich: Universalholzschrauben (1, 2 & 3) vs. Holzbauschrauben (4, 5 & 6) in hochwertiger Qualität. Der Schaftfräser der Holzbauschrauben ist deutlich erkennbar (bei 4 & 5: Schaftfräser im Gewindebereich vorgezogen; bei 6: Schaftfräser zwischen Gewinde und Schraubenkopf).

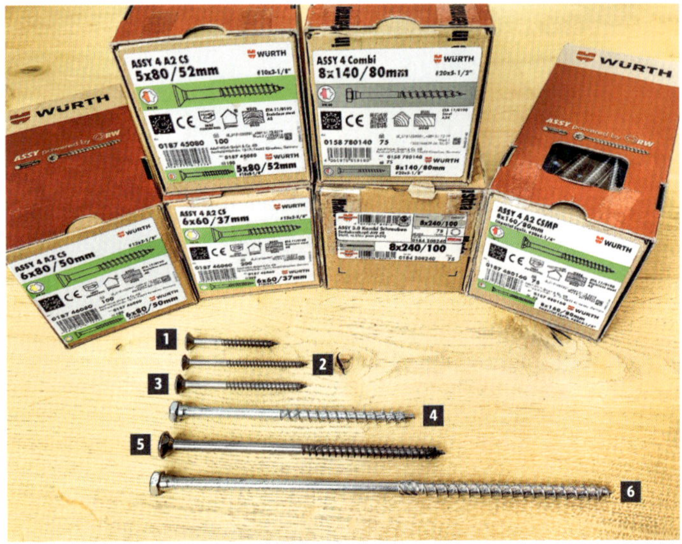

schrauben mit Bohrspitze oder Schneidkerbe verwendet, erübrigt sich das Vorbohren. Werden keine selbstbohrenden Schrauben verwendet, ist ein Vorbohren entlang der gesamten Schraubenlänge mit dem 0,7-fachen Schaftdurchmesser (70 % des Schaftdurchmessers) jedenfalls zu empfehlen. Bei Holzschrauben mit Vollgewinde ist darauf zu achten, dass die beiden Holzbauteile beim Einschrauben satt aufeinander aufliegen, denn im Vergleich zu Teilgewindeschrauben ziehen sie sich beim Eindrehen nicht aneinander.

Jetzt stellt sich nur noch die Frage, wie die passende Dimension der Holzschraube ausgewählt wird. Im Gegensatz zu Nägeln bieten Holzschrauben ein viel größeres Sortiment an unterschiedlichen Größen in Bezug auf Durchmesser und Länge. In Abhängigkeit der Stärke des zu verbindenden Holzbauteils wird der passende Durchmesser von Holzschrauben ausgewählt. Ist dies getan, liegt meine Empfehlung beim 8-fachen Schraubendurchmesser für die Mindesteinschraubtiefe. Die Länge der Holzschraube ergibt sich nun aus der Stärke des zu verbindenden Bauteils, der Mindesteinschraubtiefe und noch etwas an Sicherheit. Wird beispielsweise ein 30 mm starker Bauteil verschraubt, so ergibt sich eine ermittelte Dimension der Holzschraube von 5×80 (Ø 5 mm, Länge 80 mm), um auf der sicheren Seite zu sein.

Eine Besonderheit im Segment der Holzschrauben stellen Holzbauschrauben dar, welche zum Einsatz kommen, wenn etwas stärkere Holzbauteile miteinander verbunden werden sollen. Holzbauschrauben werden vorrangig im konstruktiven Holzbau (für Holzhausbau, Carports, Dachstühle usw.) verwendet und haben dementsprechend stärkere Dimensionen als gewöhnliche Holzschrauben. Ihre große Bandbreite an Schraubendimensionen

Stärke des zu verbindenden Bauteils	Durchmesser der Holzschraube (Ø)	gewählte Mindestdimension der Holzschraube (Ø×Länge in Millimeter)
25 mm	4 mm	4×60
30 mm	5 mm	5×80
40 mm	6 mm	6×90
50 mm	min. 6 mm/ideal 8 mm	6×100/8×100

Eine empfohlene Vorgehensweise zur Ermittlung der passenden Holzschraubendimension für tragende Holzverbindungen.

erstreckt sich dabei von 6×60 mm (Durchmesser mal Länge) aufwärts bis teilweise hin zu 12×600 mm. Im Normalfall ist bei Holzbauschrauben durch ihre Bohrspitze kein Vorbohren erforderlich. Viele Modelle verfügen über einen Schaftfräser zwischen Gewinde und Schraubenkopf oder auch vorgezogen im Gewindebereich, mit dem der Einschraubwiderstand verringert wird. Zur Vergrößerung der Anpressflächen sind Unterlegscheiben hilfreich. Holzbauschrauben kosten zwar etwas mehr, mit ihrem Einsatz liegt man jedoch auf der sicheren Seite, und in Anbetracht der Lebensdauer eines Hochstandes rentieren sie sich allemal.

Abschließend ist es mir ein Anliegen, nicht den Eindruck entstehen zu lassen, dass Holzschrauben in allen Situationen Nägeln überlegen sind. Ich persönlich verwende insbesondere bei der Ausbildung der Leiter ausschließlich Nägel. Und auch für Verschalungen von Dach oder Kanzelseitenwänden werden gerne (geschossene) Nägel verwendet und haben demnach auch ihre Berechtigung. Doch die Materialtechnologie hat sich stetig weiterentwickelt, und so bestechen hochwertige Holz(bau-)schrauben durch ihre Vorteile in Montagefreundlichkeit, Kraftschluss bzw. Stabilität und vereinfachte Demontage.

Passbolzen & Gewindestangen

Für die Verbindung von stärkeren Holzbauteilen (zum Beispiel Hauptstütze mit Querriegel) eignet sich die Verwendung von Passbolzen oder Gewindestangen. Passbolzen bieten sich besonders dann an, wenn gleichbleibende Querschnitte miteinander verbunden werden, also Kanthölzer, und keine natürlich gewachsenen Stangen zur Anwendung kommen. Gewindestangen können genau auf die erforderliche Länge angepasst werden. Zum Bohren der Löcher werden gerne Schlangenbohrer verwendet. Diese sind in der Regel sehr lang und eignen sich dadurch besonders für Durchgangslöcher in größeren Holzquerschnitten. Die Dimension der Löcher orientiert sich dabei an den Durchmessern der Passbolzen oder Gewindestangen. Auf einen entsprechenden Überstand der Gewindestange von 1–2 cm über die Mutter hinaus sollte ebenso geachtet werden wie auf das nachherige Entgraten

Die Materialtechnologie hat sich stetig weiterentwickelt, und so bestechen hochwertige Holz(bau-)schrauben durch ihre Vorteile in Montagefreundlichkeit, Kraftschluss bzw. Stabilität und vereinfachte Demontage.

Passbolzen vs. Gewindestangen mit Muttern und Unterlegscheiben. Zum Bohren der Löcher werden gerne Schlangenbohrer verwendet.

Gewindestangen lassen sich flexibel mit der Eisensäge auf die gewünschte Materialstärke anpassen.

der Gewindestange (mit der Flex oder Eisenfeile). Eine Merkhilfe für die Auswahl des passenden Außendurchmessers der Unterlegscheibe ist zumindest der 3-fache Gewindestangendurchmesser. Werden Einpressdübel zwischen den beiden zu verbindenden Holzbauteilen platziert, verzahnen sich diese miteinander, was der Stabilität dienlich ist. Beispielhafte Anhaltspunkte für die Auswahl eines passenden Gewindestangen- bzw. Passbolzendurchmessers in Abhängigkeit zur Stärke der Holzbauteile finden sich in der Tabelle.

Eine empfohlene Auswahl an passenden Dimensionen für Passbolzen oder Gewindestangen in Abhängigkeit der Stärke der Holzbauteile.

Holzstärke	Dimension Gewindestange/ Passbolzen
≥ Ø 80 mm	M8
≥ Ø 100 mm	M12
≥ Ø 140 mm	M16

HOLZVERBINDUNGEN IM DETAIL

Eine Holzverbindung ist nur dann wirksam, wenn ausreichend starke Bauteile sowie Verbindungsmittel verwendet und diese aufeinander abgestimmt werden. Damit Holzverbindungen kraftschlüssig sind und somit Lasten (zum Beispiel Schneehaube auf dem Dach, Windbelastung auf der Kanzelseitenwand oder Jäger auf der Leitersprosse) zuverlässig bis ins Fundament ableiten können, sollten die beiden zu verbindenden Holzbauteile über eine entsprechende Kontaktfläche zueinander verfügen und nicht nur punktförmig aufliegen. Deshalb sind Rundhölzer an ihren Verbindungsstellen jedenfalls etwas abzuflachen, wobei die tragenden Teile dabei nicht geschwächt werden sollten. Dies gilt auch für Leitersprossen aus Rundhölzern. Es ist grundsätzlich darauf zu achten, dass der unmittelbare Bereich um die Verbindungsstelle herum möglichst frei ist von Rissen, Aststellen oder Wuchsunregelmäßigkeiten.

Wie bereits erwähnt sind tragende Bauteile möglichst nicht zu schwächen (zum Beispiel einzuschneiden oder einzufräsen). Ist dies konstruktiv jedoch nicht anders möglich, muss eine umso größere Bauteilstärke gewählt werden, um wieder ausreichende

*Sichere Randabstände **1** vom Verbindungsmittel zum Hirnholz **2**. Der ausgestreckte Zeigefinger eines Erwachsenen kann als praktisches Mindestmaß angenommen werden.*

Als seitlichen Abstand zum beanspruchten Holzrand (zum Beispiel obere Seite der Leitersprosse) sollte zumindest die Breite von Zeige- und Mittelfinger eingehalten werden.
1 *Belastungsrichtung*
2 *Randabstand*
3 *Beanspruchter seitlicher Holzrand*

Stabilität zu erreichen. Vor Augen halten sollte man sich stets, dass jede Bauteilverbindung (mittels Nägel, Schrauben & Co) der Konstruktion eine Schwächung zuführt und eine potenzielle Eindringstelle für Feuchtigkeit darstellt. Eine umso wichtigere Rolle spielt der konstruktive Holzschutz für die Lebensdauer eines Hochstandes. Somit ist es essenziell, dass Feuchtigkeit, die sich bei Verbindungsstellen sammelt, auch rasch wieder abfließen bzw. abtrocknen kann.

Holz unterliegt natürlichen Verwitterungsprozessen, die in der Regel an den Schnittflächen (Hirnhölzern) beginnen. Deshalb sollten die Randabstände der Verbindungsmittel zum Hirnholz auch entsprechend groß gewählt werden. Sind sie zu gering, können entweder bereits bei der Montage oder erst bei Belastung Spaltrisse entstehen, die sukzessive Feuchtigkeit ins Holz ziehen (Gefahr der Holzfäulnis!) und dadurch die Stabilität der Verbindung negativ beeinträchtigen. Des Weiteren sollten auch die Abstände zwischen den einzelnen Schrauben oder Nägeln nicht zu gering sein, um gegenseitig ebenso keinerlei Spaltrisse zu bewirken. Randabstände und Abstände zwischen den Verbindungsmitteln spielen somit in puncto Sicherheit eine wesentliche Rolle, denn nur gesundes und unversehrtes Holz kann entsprechend dauerhaft belastet werden.

Bei beanspruchten Konstruktionsverbindungen (Knotenpunkten) empfiehlt sich als praktisches Maß für entsprechende Randabstände von Nägeln oder Holzschrauben zum Hirnholz (Holzende) zumindest die Länge des ausgestreckten Zeigefingers eines Erwachsenen. Als Abstand von Nagel und Holzschraube zum seitlichen Holzrand (falls beansprucht) kann zumindest die gemeinsame Breite von Zeige- und Mittelfinger eines Erwachsenen genommen werden. Selbstverständlich bietet jeder weitere Zentimeter mehr Randabstand in jede Richtung zusätzliche Sicherheit. Nähere Details dazu finden sich auch im Kapitel zur Leiter (siehe Seite 130).

Nachdem Gewindestangen stärkere Verbindungsmittel darstellen, mit denen für gewöhnlich auch stärkere Holzbauteile verbunden werden, sollten hierbei auch bedeutend größere Randabstände eingehalten werden.

Überdimensioniert

Wir Jäger müssen uns beim Hochstandbau stets vor Augen halten, dass die Stabilität und gleichbedeutend die Konstruktionssicherheit maßgeblich von den eingesetzten Bauteilstärken und Verbindungsmitteln abhängt. Hochstände sollen über viele Jahre und sogar Jahrzehnte im Revier den Witterungsbedingungen trotzen, obwohl sie in der Regel aus einem natürlichen Werkstoff (Holz) bestehen, der im Sinne des natürlichen Kreislaufs selbst einem sukzessiven Zerfall ausgesetzt ist. Deshalb ist es im Rahmen des konstruktiven Holzschutzes wichtig, dass Feuchtigkeit rasch abfließen oder abtrocknen kann und ein Eindringen ins Holz an Verbindungsstellen verhindert wird. Zudem ist es höchst empfehlenswert, sowohl die Bauteile als auch die Verbindungsmittel beim Hochstandbau entsprechend stark und hochwertig auszuwählen. Die Vorteile dieser „Überdimensionierung" zeigen sich besonders nach einigen Jahren darin, dass nachträgliche Reparaturarbeiten in luftiger Höhe vermieden werden können. Immerhin sind diese nicht nur aufwendig, sondern teilweise auch gefährlich.

Im Rahmen des konstruktiven Holzschutzes ist es wichtig, dass Feuchtigkeit rasch abfließen oder abtrocknen kann und ein Eindringen ins Holz an Verbindungsstellen verhindert wird.

UNTER DER LUPE

KONSTRUKTIONSSICHERHEIT

Wenn wir von sicheren Hochständen sprechen, gehen wir davon aus, dass alle einzelnen Bauteile für sich selbst intakt sind und dadurch die zweckmäßige Funktion der Gesamtkonstruktion ermöglichen. Es hilft nichts, den stärksten Hochstand zu bauen und dafür auf das Geländer beim Podest zu verzichten oder keine Fundamente zu errichten. So sind Windsicherungen auch dann zu montieren, wenn Hochstände an vermeintlich windarmen Orten aufgestellt werden. Mit der Sicherheit ist nicht zu spaßen, wo doch nicht zuletzt unsere Gesundheit wesentlich davon abhängt. Immerhin sind Jagdausübungsberechtigte für die Erhaltung der ordnungsgemäßen Funktion der Hochstände verantwortlich. Sie müssen sich für nicht funktionstüchtige Reviereinrichtungen verantworten, insbesondere dann, wenn von ihnen eine Unfallgefahr ausgeht. Damit es erst gar nicht zu gefährlichen Situationen kommen kann, werden in diesem Buch alle relevanten Bauteile einer geschlossenen Kanzel auf einem Kanzelbock sorgfältig unter die Sicherheitslupe genommen; zugleich wird ausführlich diskutiert, worauf beim Bau zu achten ist. Die hier gegebenen technischen Empfehlungen orientieren sich stets an der Konstruktionssicherheit der einzelnen Bauteile und werden nachfolgend detailliert erläutert, um einen Beitrag zur Sicherheit aus gesamtheitlicher Sicht zu leisten.

SICHERE FUNDAMENTE

Damit Hochstände ihren ausgesetzten Belastungen standhalten und diese gesichert ins Erdreich übertragen können, bedarf es stabiler Fundamente. Es ist unbedingt darauf zu achten, dass sämtliche Holzbauteile nicht direkt auf dem Erdreich stehen und über die sogenannte „Kapillarwirkung" ständig mit Feuchtigkeit von

Es hilft nichts, den stärksten Hochstand zu bauen und dafür auf das Geländer beim Podest zu verzichten oder keine Fundamente zu errichten.

Eine gesamtheitliche Konstruktionssicherheit setzt sich bei einem Hochstand aus vielen sicheren Einzelteilen zusammen.

Kanzel, bestehend aus:

- *Dach*
- *Wände*
- *Fenster*
- *Tür*

Podest, bestehend aus:

- *Podestbelag*
- *Brust-, Fuß- und Mittelwehr*

Leiter, bestehend aus:

- *Leiterholmen*
- *Sprossen*
- *Handlauf*

Kanzelbock, bestehend aus:

- *Hauptstützen*
- *Querriegel (o. und u.)*
- *Windverband*

Fundamente

Windsicherungen, bestehend aus:

- *Erdanker*
- *Schrägstützen*

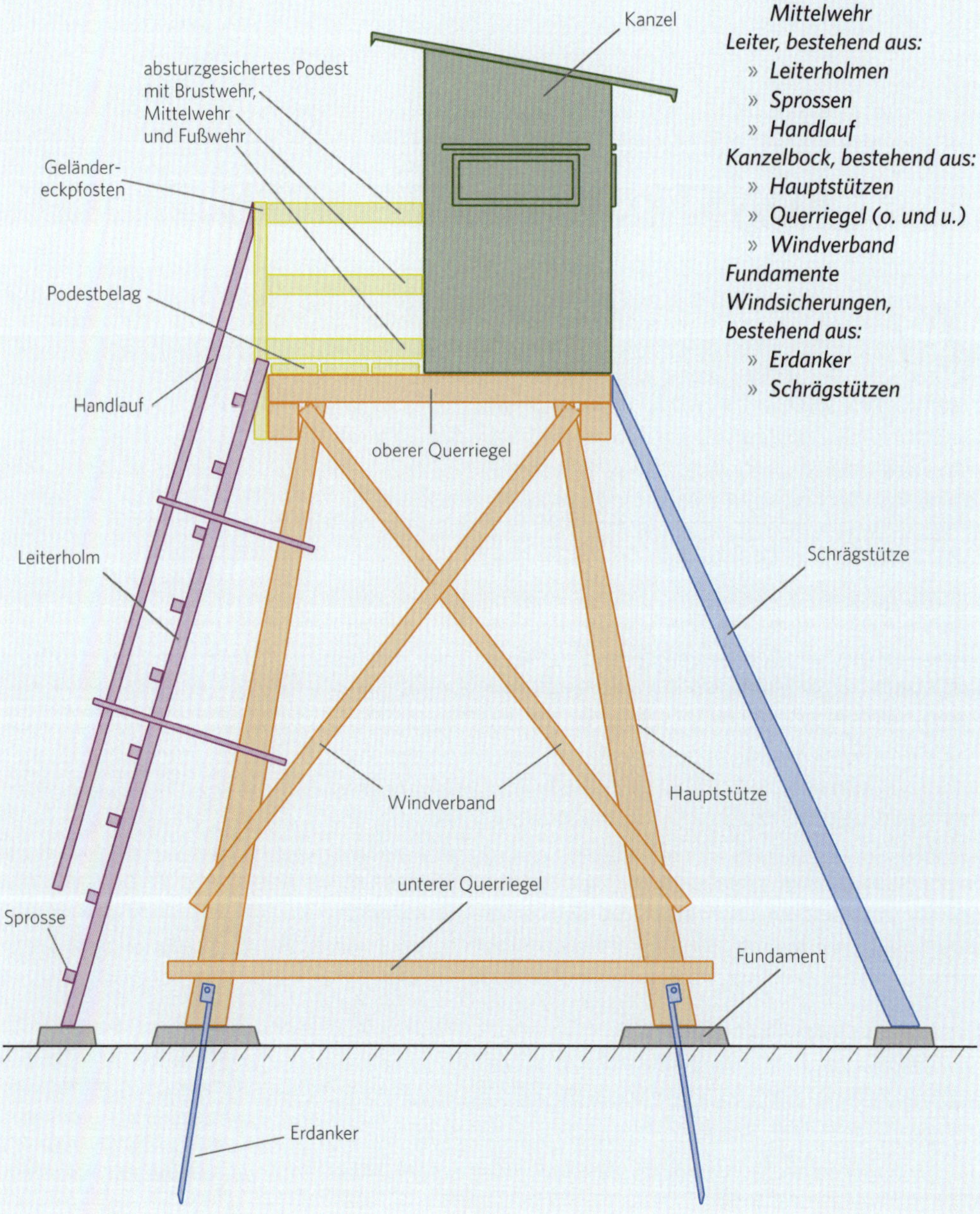

unten versorgt werden. Daraus würden Verwitterungsprozesse (Fäulnis) resultieren, die die Tragfähigkeit kontinuierlich herabsetzen und sukzessive zu einem Konstruktionsversagen führen können. Fundamente sind somit nicht nur für die Hauptstützen des Kanzelbockes erforderlich, sondern auch für alle anderen erdberührenden Holzbauteile (Leiterholme und Schrägstützen im Sinne der Windsicherung).

Als Fundamente eignen sich beispielsweise flache Felsen bzw. Steine oder Betonplatten (oder Metallplatten), die zuvor im Erdreich ein Stück eingelegt und in die Waage gerichtet werden. Dafür trägt man in der Regel zumindest die Grasnarbe ab und richtet das Erdreich eben aus. Bei der Verwendung von flachen Steinen ist zuvor deren Oberfläche auf ihre Planheit zu kontrollieren, um ein „Wassersammelbecken" zu vermeiden, das wiederum als nachhaltiger Feuchtigkeitsspender wirkt - mit allen negativen Auswirkungen. Eine weitere Variante wäre, die Bauteile an zuvor ausreichend tief ins Erdreich eingetriebenen Metallprofilen zu montieren, sodass sie nicht direkt auf dem Erdreich aufsitzen. Die Distanz zwischen Erdreich und Stützenfuß sollte bei dieser Variante zumindest 10 cm betragen. Dadurch findet zugleich eine Verankerung der Gesamtkonstruktion statt, die Windbelastungen entgegenwirkt.

Damit sämtliche Bodenaufstandspunkte (Hauptstützen, Leiterholme oder Schrägstützen) auf ihren Fundamenten möglichst gut abtrocknen können und somit frei von Feuchtigkeit sind, sollte auch der Bewuchs rundherum kurzgehalten werden. Durch regelmäßiges Freischneiden der umgebenden Vegetation wirkt diese nicht als Feuchtigkeitsspeicher, und insbesondere der Morgentau kann rasch verdunsten, ohne die Konstruktion permanent in einen Feuchtigkeitsschleier zu hüllen. Je größer dabei das Fundament (zum Beispiel eine Betonplatte mit einer Größe von 40×40 cm oder noch mehr) ist, desto besser kann die umliegende Vegetation schon von vornherein ferngehalten werden.

Fundament aus einer Betonplatte in Kombination mit einem eingeschlagenen Winkeleisen als Erdanker.

Werden Fundamente in minimalem Gefälle verlegt, kann Regenwasser besser abfließen.

Oben links: Fundament aus einer Stahlplatte in Kombination mit zwei Erdankern.
Unten links: Steinerne Fundamente sind zuvor auf ihre möglichst plane Oberfläche zu kontrollieren, sodass sie nicht zum Wassersammelbecken mutieren.
Rechts: Diese abgefaulten Leiterholme wurden direkt auf den Erdboden und nicht auf Fundamente gestellt. Ergebnis: Holzfäulnis und Festigkeitsverlust. Achtung: vorprogrammierte Versagensgefahr!

SICHERER KANZELBOCK

Der Kanzelbock stellt sicherlich das statische Herzstück eines Hochstandes dar und kann zweifelsohne als das „konstruktive Rückgrat" bezeichnet werden. Er muss einerseits gegen ein Einstürzen (interne Konstruktionssicherheit) und andererseits auch gegen ein Umstürzen (externe Konstruktionssicherheit) gesichert werden. Über den Kanzelbock werden sämtliche Belastungen, beginnend bei den Schneelasten auf dem Dach über die Windbelastungen auf den Kanzelseitenwänden bis hin zum Eigengewicht der Konstruktion, in die Fundamente abgeleitet. Umso wichtiger ist es, dass der Kanzelbock sicherheitstechnisch in Ordnung ist und dementsprechend auch im Rahmen der regelmäßigen Sicherheitsüberprüfung genauestens überprüft wird.

Stellt sich nur die Frage, wie viel Bauingenieur in uns Jägern stecken muss, um einen sicheren Hochstand errichten zu können. Immerhin sind Jäger in der Regel Privatpersonen und keine ausgebildeten Fachleute auf dem Gebiet des Holzbaus. Doch die Antwort ist überschaubar, denn mit der Einhaltung einiger Konstruktionsdetails, mit etwas handwerklichem Geschick und praktischem Know-how ist die Errichtung eines sicheren Hochstandes jedenfalls zu bewerkstelligen. Auf die leichte Schulter darf die Sache aber auch nicht genommen werden, denn Unfälle können

Geknickt! Weil keine Fundamente gesetzt wurden, ist die Hauptstütze am Aufstandspunkt verfault und hat bei Belastung durch zwei Jäger schlagartig nachgegeben.

schwerwiegende Folgen haben und das Leben des Verunfallten (zum Beispiel bei einem Absturz aus großer Höhe) von einem Tag auf den anderen völlig auf den Kopf stellen. Somit lohnt es sich, die sichere Konstruktionsweise von Hochständen zu verstehen, um danach entsprechend der örtlichen Gegebenheiten im Revier die passende und vor allem sichere Reviereinrichtung auch ohne Schritt-für-Schritt-Anleitung errichten zu können. Dies bedeutet selbstverständlich nicht, dass auf eine Planung verzichtet werden sollte.

Jagdliche Baustatik

Bevor wir jedoch in den konstruktiven Hochstandbau einsteigen, werden wir zunächst ausgewählte Bauwerke begutachten. Sehen wir uns einen Strommasten an. Ein solcher „Turm" besteht aus vielen „kleinen" Dreiecken bzw. Auskreuzungen, die die Konstruktion aussteifen und ihr Stabilität verleihen. Solche Auskreuzungen bzw. Dreiecke werden in der bautechnischen Fachsprache als „Windverband" oder „Fachwerk" bezeichnet und als Aussteifungselemente eingesetzt. Des Weiteren bieten diese vielen gekreuzten Stäbe weniger Windangriffsfläche und erfordern auch weniger Material als vollflächige Elemente. Weiterhin sind Auskreuzungen (Windverbände) im Hallenbau oder bei Bauten in Skelettbauweise (aufgelöste Bauweise aus Stützen und Decken,

Dreiecke bzw. Auskreuzungen werden in vielen unterschiedlichen Bauwerkstypen (zum Beispiel Strommasten oder Parkhäuser) zur Konstruktionsaussteifung gegenüber Windbelastungen eingesetzt.

zum Beispiel Parkhäuser) nicht wegzudenken. Sie nehmen die horizontalen Windkräfte sowohl in der Dachebene als auch in den Wandebenen auf und leiten diese über ihr Rahmentragwerk bis in die Fundamente ab. Würden keine Windverbände montiert werden, brächten Windbelastungen Bauwerke zum Einstürzen.

Was können wir davon auf den Hochstandbau übertragen? Hochstände - insbesondere ihre Kanzelböcke - bestehen ebenfalls vorrangig aus stabförmigen Elementen (Rundhölzern, Staffeln usw.). Deshalb ist es beim Bau von Hochständen auch immens wichtig, auf jeder Seite Dreiecke bzw. Auskreuzungen auszubilden, um sie zu stabilisieren und (gegen ein Einstürzen) sicher zu machen.

Die vier Hauptstützen des Kanzelbockes werden standardmäßig auf der oberen Seite und im unteren Bereich mit jeweils vier Querriegeln verbunden. Diese sind quasi die beidseitigen „Deckel der Schuhschachtel" und halten die Konstruktion zusammen. Damit Hochstände Windbelastungen widerstehen können, müssen sie einerseits gegen das Einstürzen gesichert werden; dabei werden alle Seiten des Kanzelbockes mit einem Windverband (vorzugsweise Auskreuzung statt Diagonale) ausgestattet. Erst dann ist die interne Konstruktionssicherheit gegeben. Andererseits sind jedoch auch Vorkehrungen zu treffen, damit ein Hochstand unter Windangriff nicht als Gesamtkonstruktion umstürzt. Als mögliche Windsicherungsmaßnahmen kommen im Rahmen der externen Konstruktionssicherheit zum Beispiel Schrägstützen, Erdanker oder Zugseile zum Einsatz. Eines noch: Ein Hochstand kann nur dann als konstruktiv sicher beurteilt werden, wenn sowohl die interne Sicherheit (gegen das Einstürzen) als auch die externe Sicherheit (gegen das Umstürzen) gleichermaßen erfüllt sind. Hier gibt es keine Wahl. Die Abbildung auf der nächsten Seite zeigt schematisch klar auf, welche Versagensszenarien auftreten können, wenn einzelne Bauteile konstruktiv vernachlässigt werden, und stellt abschließend ein Musterbeispiel für die Erreichung einer gesamtheitlichen Konstruktionssicherheit dar.

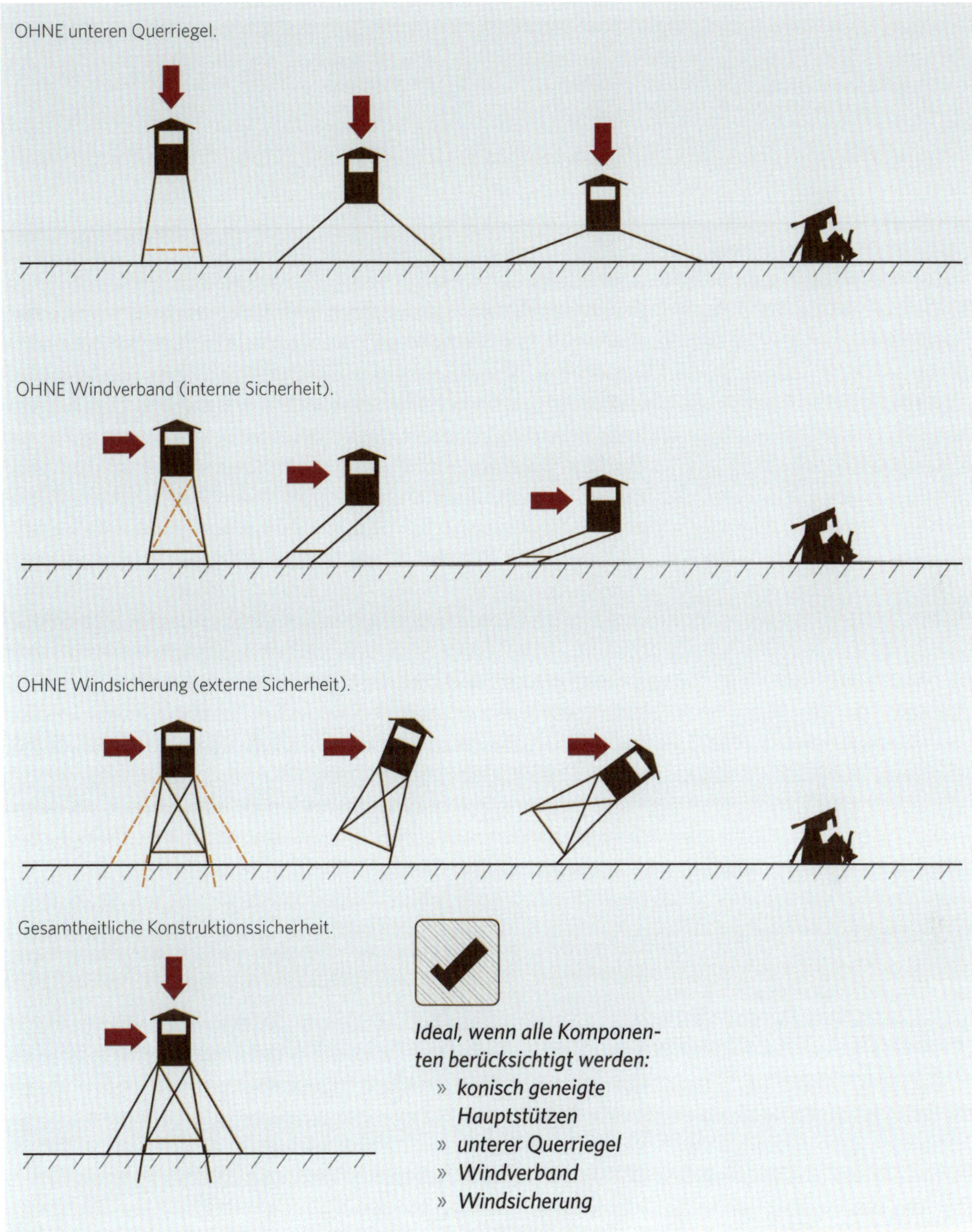

Mögliche Versagensszenarien bei unvollständiger Konstruktionssicherheit.

Bauteildimensionierung

Ein typischer Kanzelbock besteht aus vier Hauptstützen, die vorrangig die vertikalen Belastungen (Schnee auf dem Dach, Eigengewicht, Jäger samt Equipment usw.) über ihre Fundamente ins Erdreich ableiten. Deshalb müssen sie auch entsprechend stark dimensioniert sein. Eine einfache Merkregel lautet, dass der

Länge der Hauptstützen des Kanzelbockes	Querschnitt der Rundhölzer oben	Querschnitt der Rundhölzer unten	Querschnitt Kantholz
3 m	≥ Ø 10 cm	≥ Ø 13 cm	≥ 10×10 cm
4 m	≥ Ø 10 cm	≥ Ø 14 cm	≥ 12×10 cm
5 m	≥ Ø 10 cm	≥ Ø 15 cm	≥ 12×10 cm
6 m	≥ Ø 10 cm	≥ Ø 16 cm	≥ 12×12 cm

Auswahlhilfe für geeignete Mindestquerschnitte von Hauptstützen.

Durchmesser der Hauptstützen an der schwächsten Stelle mindestens 10 cm betragen soll. Bei Rundhölzern beträgt die durchschnittliche Verringerung des Durchmessers in etwa einen Zentimeter je Laufmeter. Die schwächere Seite („Zopf") soll daher oben sein. Dies bedeutet, dass ein 6 m langes Rundholz bei einem Zopfdurchmesser von 10 cm in etwa einen 16 cm starken Stützenfuß aufweist. Bei Kanthölzern sollte deren Querschnittsfläche zumindest jener des Rundholzes auf halber Länge entsprechen. Obige Tabelle gibt Anhaltspunkte für Mindestquerschnitte von Hauptstützen mit 3–6 m Länge. Jeder Zentimeter mehr an stärkerer Bauteildimension gibt der Konstruktion zusätzlich Stabilität und ist im Rahmen der Sicherheit jedenfalls zu empfehlen. Zudem wird es umso schwieriger, später Reparatur- bzw. Austauscharbeiten an tragenden Bauteilen durchzuführen, weshalb bereits beim Bau ein zusätzliches Sicherheitsmaß bei der Bauteilstärke einkalkuliert werden sollte.

Bei höheren Hochständen handelt es sich oft um wahrliche „Reviergiganten". So ragt bei einem Kanzelbock mit 7 m Höhe das Kanzeldach schon etwa 9 m über den Boden. Dies entspricht in etwa drei Stockwerken eines Gebäudes. Derart mächtige Kons-

Lagerplatz. Ausreichend starke Stangen sind für sichere Konstruktionen essenziell.

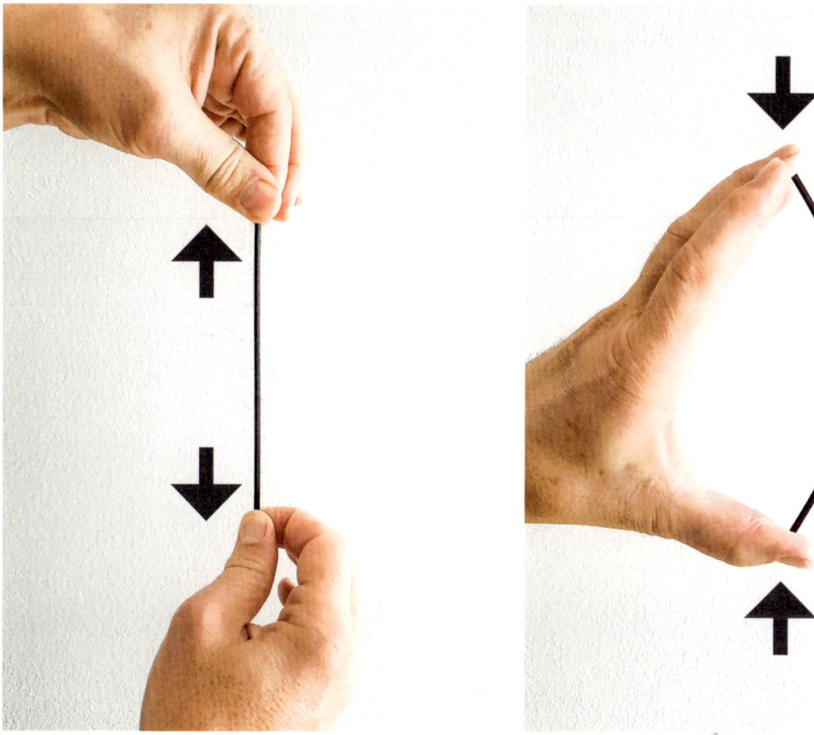

Holzstaffeln und Rundhölzer können entlang ihrer Längsachse viel größeren Zugbelastungen (links) als Druckbelastungen (rechts – Knickgefahr) widerstehen.

truktionen benötigen aufgrund ihres nochmals höheren Schwerpunkts und den stärkeren Windbelastungen auch nochmalig erhöhte Bauteilstärken. Hierbei spielt nicht mehr nur die Tragfähigkeit eine Rolle, sondern auch unser Wohlbefinden. Immerhin hat keiner von uns ein gutes Gefühl im Bauch, wenn die Kanzel hoch oben mit dem Wind mitschwingt. Umso mehr sind nochmals stärkere Bauteildimensionen, kräftigere Aussteifungen und stabilere Windsicherungsmaßnahmen bei der Errichtung derartig hoher Reviereinrichtungen Pflicht!

Wenn wir uns mit offenen Augen durch unsere Landschaft bewegen, lassen sich sowohl ausgekreuzte Kanzelböcke als auch jene mit nur einer Diagonalverstrebung entdecken. Daraus ergeben sich berechtigte Fragen, wie: Gibt es einen sicherheitstechnischen Unterschied dieser beiden Windverbandstypen? Welche Vorteile bieten Auskreuzungen gegenüber Diagonalverstrebungen? Und reichen eigentlich Diagonalen zur Aussteifung eines Kanzelbockes aus?

Um diese Fragen zu beantworten, werfen wir nochmals einen Blick auf die Materialeigenschaften von Holz. Immerhin ist Holz ein gewachsener, natürlicher Werkstoff und hat beispielsweise im Vergleich zu Stahl richtungsabhängige Materialeigenschaften. So hält es Zugbelastungen entlang seiner Längsachse um ein Vielfaches besser stand als Druckbelastungen. Wird dem-

Wird nur eine Diagonalverstrebung gesetzt, ist diese stärker auszubilden, da sie auch Druckbelastungen standhalten muss. Rot markiert: Druckbelastung der Diagonale – Knickgefahr! Grün markiert: Zugbelastung der Diagonale.

entsprechend die Druckbelastung auf ein Rundholz oder ein Holzstaffel zu groß (weil zum Beispiel die Bauteilstärke zu gering ist), knicken diese und versagen in weiterer Folge. Diese Materialeigenschaften sind für die sichere Ausgestaltung von Windverbänden wesentlich, denn immerhin werden diese in Abhängigkeit der aktuellen Windrichtung entweder auf Druck oder auf Zug beansprucht. Wird nun ein Kanzelbock mit nur einer Diagonale ausgesteift, besteht die Gefahr, dass durch (aus der ungünstigen Richtung kommende) Starkwinde die Druckbelastung zu groß wird und die Diagonale bricht. Würde der Sturm aus der anderen Richtung kommen, wäre die Diagonale einer Zugbelastung ausgesetzt, welcher sie viel besser standhalten kann. Nachdem jedoch Windbelastungen nicht immer richtungsgleich sind, ist eine Auskreuzung der Verstrebungen (zwei Diagonalen) je Kanzelbockseite jedenfalls die Wahl der höheren Sicherheit. Unabhängig der Windrichtung ist dabei immer eine Verstrebung auf Zug belastet und bewahrt den Hochstand vor dem Einstürzen im Rahmen der internen Konstruktionssicherheit. Somit wird die Konstruktion durch eine Auskreuzung des Kanzelbockes um einiges stabiler und gleichbedeutend auch sicherer gemacht. Die Bauteilstärke von Auskreuzungen kann – genauso wie jene der oberen und unteren Querriegel – schwächer dimensioniert sein wie jene der Hauptstützen. Soll trotz alledem nur eine Diagonal-

Auskreuzungen auf jeder Kanzelbockseite bieten – unabhängig von der Windrichtung – immer eine interne Konstruktionssicherheit. Rot markiert: Druckbelastung der Diagonale. Grün markiert: Zugbelastung der Diagonale.

Um dem Wind – unabhängig von der Windrichtung – ein Schnippchen zu schlagen, sind alle vier Seiten des Kanzelbockes auszukreuzen. Das gibt Sicherheit!

Fehlende Windverbände können bei Windbelastungen zu einem Einstürzen der Konstruktion führen. Windverbände sind einheitlich auf jeder Kanzelbockseite auszuführen, da Windbelastungen nicht immer richtungsstabil sind. Im Bild unten fehlen sie an der Vorder- und Rückseite.

Links: Kanzelbock aus zusammengeschweißten Stahlprofilen. Die Bauweise mit allseitig ausgekreuztem Kanzelbock ist auch beim Einsatz von Stahlbauteilen empfehlenswert.
Rechts: Auch noch so starke Hauptstützen ersetzen weder die Windverbände noch die unteren Querriegel.

verstrebung (und keine Auskreuzung) als Windverband zur Ausführung kommen, muss diese entsprechend stärker als ihre ausgekreuzten Verwandten sein, da sie auch Druckkräfte zuverlässig ableiten muss.

Nicht immer wird der Kanzelbock aus Holz, sondern manchmal auch aus Stahl angefertigt. Auch wenn im Stahlbau biegesteife Rahmenecken einfacher herzustellen sind, ist der gleiche schematische Aufbau eines Kanzelbockes mit ausgekreuztem Windverband (analog zur Holzbauweise) selbstverständlich ebenso empfehlenswert.

Um eine gesamtheitliche Konstruktionssicherheit für Kanzeln auf Kanzelböcken zu erfüllen, trägt jeder einzelne Bauteil einen wesentlichen Beitrag dazu bei. Es ist wie ein System aus Zahnrädern, wobei die Sicherheit eines Hochstandes nur dann gegeben ist, wenn alle Zahnräder ineinandergreifen und aufeinander abgestimmt sind. Dementsprechend können manche weit überdimensionierten Bauteile andere nicht ersetzen, da diese eine andere Aufgabe in der Lastableitung zu erfüllen haben. Extrem starke Hauptstützen ersetzen somit keinen Windverband und ebenfalls auch keine Querriegel. Ein sicherer Kanzelbock besteht somit aus starken Einzelbauteilen und bildet als Gesamtkonstruktion das statische und sicherheitstechnische Herzstück eines jeden Hochstandes.

WINDSICHERUNGEN

Hochstände haben aufgrund ihrer Geometrie einen hohen Konstruktionsschwerpunkt, weswegen sie auch extrem windanfällig sind – insbesondere, wenn sie auf freiem Feld errichtet werden. In Österreich haben wir bereits heftige Stürme mit enormen Sachschäden erleben müssen. Klimaforscher prognostizieren für die Zukunft vermehrt Wetterkapriolen mit Windspitzen von weit über 100 km/h, denen unsere Hochstände standhalten müssen. Windbelastungen sind dann besser nachvollziehbar, wenn man beispielsweise als Beifahrer die Handfläche aus dem fahrenden Auto hält. Eine Kanzelseitenfläche ist dabei etwa 140-mal größer als eine Handfläche und wird dementsprechend auch um diesen Faktor stärker belastet (siehe Seite 42). Deshalb dürfen Windbelastungen auch nicht unterschätzt werden. In der Praxis haben sich gängige Möglichkeiten etabliert, wie man dem Wind „ein Schnippchen schlägt" und Hochstände erfolgreich gegen das Umstürzen sichert.

Die häufigsten Sicherungsmaßnahmen zur Ableitung sämtlicher Windbelastungen bis in die Fundamente stellen Erdanker, Schrägstützen, Zugseile und zusätzlicher Ballast in Kombination mit geneigten Hauptstützen für eine breitere Aufstandsfläche dar. Sie erfüllen dadurch die externe Konstruktionssicherheit, um die Gesamtkonstruktion vor dem Umstürzen zu bewahren.

Werden Windkräfte unterschätzt und Windsicherungen nicht montiert, können Hochstände aufgrund des erhöhten Konstruktionsschwerpunkts und enormer Windangriffsflächen zu Fall gebracht werden. Umgestürzte Hochstände können oftmals nur nach einer Generalsanierung wiederverwendet werden, da durch die Wucht des Aufpralls für gewöhnlich massive Konstruktionsschäden entstehen. Deshalb sind beim Hochstandbau Vorkehrungen zu treffen, um Hochstände gegen Windbelastungen immun zu machen.

Die häufigsten Sicherungsmaßnahmen zur Ableitung sämtlicher Windbelastungen bis in die Fundamente stellen Erdanker, Schrägstützen, Zugseile und zusätzlicher Ballast in Kombination mit geneigten Hauptstützen für eine breitere Aufstandsfläche dar.

Fehlende Windsicherungsmaßnahmen können Hochstände bei entsprechender Windbelastung zu Fall bringen.

Konisch geneigte Hauptstützen vergrößern die Bodenaufstandsfläche und erhöhen dadurch die Stabilität.

Konisch geneigte Hauptstützen

Die Stabilität eines Hochstandes wird allein schon dadurch maßgeblich erhöht, wenn die Hauptstützen nicht gerade, sondern konisch nach außen geneigt ausgeführt werden. Hiedurch vergrößert sich die Bodenaufstandsfläche nicht unwesentlich. Ein Neigungsverhältnis von 1:10 (Breite zu Höhe) ist dabei ein gängiges Maß. Dies bedeutet in der Praxis, dass die Vergrößerung der Bodenaufstandsfläche bei einem 5 m hohen Gerüstbock links und rechts je 50 cm beträgt. Aus einer Kanzelgrundfläche von 1,40×1,40 m (1,96 m^2) resultiert durch diese Ausstellung der Hauptstützen (1:10) eine Bodenaufstandsfläche von 2,40×2,40 m (5,76 m^2) und somit fast eine Vergrößerung um den Faktor drei! Konisch geneigte Hauptstützen des Kanzelbockes sollten mit Erdankern, Schrägstützen oder Zugseilen kombiniert werden.

Erdanker

Erdanker haben die Aufgabe, Reviereinrichtungen mit dem Erdreich kraftschlüssig zu verbinden. Sie können verständlicherweise nur bei festem Erdreich verwendet werden, um den entsprechenden Kraftschluss herzustellen. Loser Boden würde dem Anker zu wenig Ausziehwiderstand bieten, der bei Windangriff aktiviert wird. Es stehen mehrere Formen von Erdankern zur Verfügung, die einerseits selbst hergestellt oder auch einsatzfertig gekauft werden können.

Die Eigenbauvariante wäre zum Beispiel ein einfaches Bewehrungseisen (Betonrippenstahl), an dem auf der unteren Seite eine Art Spitze aus Flacheisen angeschweißt wird. Am oberen Ende wird ebenfalls eine Lasche aus Flacheisen angeschweißt, welche zuvor durchbohrt wird. Durch diese Bohrung wird der Erdanker mit der Hauptstütze verschraubt. Anstatt der oberen Eisenlasche kann auch eine Schraubenmutter oder eine starke Unterlegscheibe angeschweißt werden. Des Weiteren erfüllen auch eingeschlagene Winkeleisen (zum Beispiel L-Profil mit 80×80×6 mm) ihren Verankerungszweck. Eine weitere Verankerungsmöglichkeit stellen auch Telleranker aus dem Bereich des Weinbaus dar. Werden auch Leitern an ihrem Aufstandspunkt mit dem Erdreich verankert, kann die Gesamtstabilität nochmals erhöht werden.

Mit einem Vorschlaghammer werden Erdanker möglichst tief in den Boden getrieben. Ein in der Praxis gängiges Maß für die Einschlagtiefe ist ein Dreiviertelmeter. Eingeschraubte Erdanker (Spiralform oder Teller) können auch etwas kürzer sein. Erdanker wirken noch effizienter, wenn sie etwas geneigt ins Erdreich getrieben werden, weil dadurch der Ausziehwiderstand erhöht wird. Erdanker sollten jedenfalls immer direkt an zum Beispiel der Hauptstütze anliegend und ohne Zwischenspalt montiert werden.

Ein in der Praxis gängiges Maß für die Einschlagtiefe eines Erdankers ist ein Dreiviertelmeter.

Do it yourself! Erdanker aus Betonrippenstahl und angeschweißtem Flachstahl.

Links: Verankerter Leiteraufstandspunkt. Ein am Holm angeschraubtes Winkeleisen stellt eine kraftschlüssige Verbindung zum Erdreich her.
Rechts: Ausreichend tief eingeschlagene Winkeleisen gelten als wirkungsvolle Erdanker.

Manche Erdanker dienen zugleich auch als einschlag- oder einschraubbare Bodenhülse, in die die Hauptstütze anschließend gestellt und dort befestigt wird. Dabei wird eine entsprechende Bodenfreiheit zum Erdreich eingehalten, damit die Hauptstütze auch ausreichend trocknen kann. Auch wenn Erdanker zur Anwendung kommen, sind Schrägstützen oder andere Windsicherungsmaßnahmen (zum Beispiel Zugseile oder Ballast) zur zusätzlichen Windsicherung empfehlenswert.

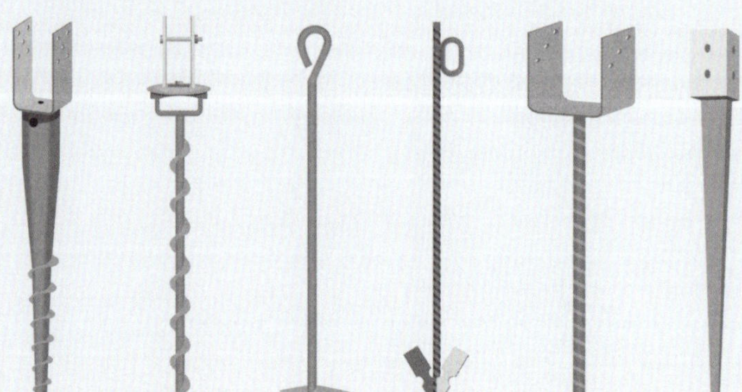

Ausgewählte Schraub- und einschlagbare Bodenverankerungsmöglichkeiten.

Links: Nicht ganz optimal! Erdanker sollten direkt anliegend am zu verbindenden Bauteil verschraubt werden. Diese „Luftspalte" (Pfeile) zwischen Erdanker und Hauptstütze erlauben keine direkte Kraftrückhaltewirkung.
Rechts: Dieser eingeschlagene Testholzpflock ist schon nach drei Jahren nicht mehr intakt und völlig verfault.

Erdanker aus Holz sind nicht empfehlenswert, auch wenn es sich dabei um Hartholz- oder imprägnierte Holzpflöcke handelt. Holz wird im Regelfall im Boden aufgrund der dort vorherrschenden Feuchtigkeit in kürzester Zeit morsch und verliert seine Haltekraft oft schon sehr, sehr rasch. Eingeschlagene Holzpflöcke sind dahingehend besonders tückisch, da der oberirdisch zu sehende Teil einen optisch noch recht guten Eindruck erwecken kann, während der im Erdboden befindliche Teil bereits stark verfault bzw. zersetzt ist. Dabei ist der Kraftschluss mit dem Boden schon lange nicht mehr gegeben, und ein solcher morscher Holzpflock kann starken Windbelastungen somit nicht mehr ausreichend entgegenwirken.

Zu Testzwecken habe ich einen 50×50 mm (im Querschnitt) starken Staffel aus imprägniertem Fichtenholz drei Jahre lang im Erdreich als Holzpflock belassen. Nach dieser Zeit war der unterirdische Teil des Staffels morsch und somit völlig zersetzt, wobei der oberirdische, aus dem Erdreich ragende Teil optisch in Ordnung schien. Mit einem Messer konnte ich den verfaulten Holzstaffel mühelos durchschneiden bzw. an jeder Stelle regelrecht mit der Spitze durchdringen. Der Kraftschluss zwischen Hochstand und Erdboden wäre dabei nicht mehr gegeben, was ein akutes Sicherheitsrisiko bedeuten würde. Deshalb empfehle ich ausschließlich, in allen Fällen auf metallische Erdanker zurückzugreifen.

Schrägstützen

Eine weitere Möglichkeit, um Hochstände vor Windeinwirkungen zu sichern, ist die Montage von Schrägstützen. Sie stellen eine perfekte Kombination mit Erdankern am Kanzelbock dar und sollten in jeder Himmelsrichtung angebracht werden, weil Stürme nicht immer nur aus der Hauptwindrichtung wirken. Zu empfehlen ist ein Neigungsverhältnis ab 1:3 (Breite zu Höhe). Bei einem 6 m hohen Kanzelbock beträgt die horizontale Ausladung also zumindest 2 m in jede Himmelsrichtung. In ihrer Dimension können sie etwas schwächer als die Hauptstützen ausfallen.

Auch hier ist auf ein entsprechendes Fundament zu achten, sodass die Schrägstütze aus Holz nicht am feuchten Boden aufsteht und binnen kürzester Zeit abfault. Tipp: Wird das Fundament (zum Beispiel ein flacher Stein) von Schrägstützen etwas schräg in den Erdboden einbettet, kann einerseits Niederschlagswasser besser ablaufen und andererseits auch eine bessere Verkeilung der Schrägstütze erzielt werden, sodass diese bei Belastung nicht über das sonst horizontal angeordnete Fundament hinweggleiten kann. Können Schrägstützen an zwei Punkten am Kanzelbock befestigt werden (zum Beispiel am oberen Querriegel und an der Hauptstütze), werden diese bereits in Form gehalten und verbessern zudem den Verbund der Gesamtkonstruktion. Ein Hinweggleiten übers Fundament bei Belastung wird dadurch erschwert bzw. verhindert. Werden Schrägstützen dann

Links: In allen Himmelsrichtungen wurden hier Schrägstützen angebracht. Das gibt Sicherheit gegenüber Windbelastungen. Rechts: Die beiden vorderen Schrägstützen wurden an zwei Punkten (siehe Pfeile) am Kanzelbock montiert und sind dadurch stabiler.

zusätzlich noch über einen Erdanker mit dem Boden verbunden, können darüber nicht nur Druck-, sondern auch Zugkräfte abgetragen werden. Dies spricht jedenfalls für noch mehr Stabilität – und davon kann es nie genug geben.

Es ist ein Irrtum, dass lediglich höhere Hochstandkonstruktionen vor Windbelastungen zu schützen sind. Deshalb sollten auch niedrigere Konstruktionen, wie zum Beispiel Scherenleitern oder Riegeljagdhochstände, im Sinne der Sicherheit vor dem Umstürzen gesichert werden. Montiert werden Schrägstützen im Regelfall an den oberen Querriegeln des Kanzelbockes.

Links: Schrägstützen benötigen ebenfalls ein Fundament und können für noch mehr Stabilität auch mit dem Erdreich verankert werden.
Rechts: Etwas schräg ins Erdreich eingebettete Fundamente für Schrägstützen, um Feuchtigkeit besser abfließen zu lassen und eine gute Verkeilung zu bewirken.

Umgestürzt! Auch weniger hohe Reviereinrichtungen sind gegen Windbelastungen zu sichern.

Links: Zugseile stellen eine gute Möglichkeit dar, um Hochstände bei Windbelastung vor dem Umstürzen zu bewahren (siehe Pfeile).
Rechts: Zugseile ziehen den Kanzelbock förmlich zum Erdboden und dürfen nicht durchhängen.
Detailbild rechts: Erdanker der Zugseile müssen ausreichend tief in den Erdboden ragen, um bei Belastung nicht herausgerissen zu werden.

Zugseile

Als weitere Sicherungsmöglichkeit gegen Windbelastungen können Zugseile aus Stahl genannt werden. Diese verzinkten Drahtseile werden per Erdanker mit dem Boden verbunden und zum Beispiel über Schlaufen im oberen Bereich des Kanzelbockes montiert. Zugseile können lediglich Zug-, aber keine Druckbelastungen ableiten und müssen dadurch stets gespannt sein, um erfolgreich wirken zu können. Dies erfordert eine engmaschigere Kontrolle der damit gesicherten Reviereinrichtungen.

Zusätzlicher Ballast senkt den Konstruktionsschwerpunkt und wirkt dem Umstürzen durch Windbelastungen entgegen.

Ballast

Windbelastungen kann auch mit Gewichten in Form großer Steine entgegengewirkt werden, die auf einem Plateau auf den unteren Querriegeln des Kanzelbockes platziert werden. Diese senken den Konstruktionsschwerpunkt und tragen zur Stabilisierung des Hochstandes bei. Diese Windsicherung sollte jedenfalls mit anderen Windsicherungsmaßnahmen (zum Beispiel Erdanker oder Schrägstützen) kombiniert werden.

ABSTURZGESICHERTES PODEST

Podest oder Direkteinstieg?

Beim Bau eines Kanzelbockes ist zu entscheiden, ob ein Podest oder ein Direkteinstieg in die Kanzel (ohne Podest) ausgeführt werden soll. Hierbei ist vorab die Frage nach den Vorteilen eines Podests zu beantworten, denn immerhin stellt es einen baulichen Mehraufwand dar. Rasch ist die Antwort gefunden: die Sicherheit. Beim Direkteinstieg steigt man direkt von der Leiter in die Kanzel. Das bedeutet, dass die Kanzeltür noch auf der Leitersprosse stehend geöffnet bzw. geschlossen werden muss. Man hat hierbei wahrlich nicht den stabilsten Stand und ist dazu noch mit Rucksack, Gewehr & Co „behangen", was die Situation auch nicht besser macht. Vor allem dann nicht, wenn bei Dunkelheit (Morgenansitz, Abend- bzw. Nachtansitz) auf- oder abgebaumt werden soll. Wird trotzdem ein Direkteinstieg gewählt, bietet ein Haltegriff neben der Kanzeltür eine gute Möglichkeit, um möglichst sicher in die Kanzel ein- und aussteigen zu können.

Bei einem Podest ist es gänzlich anders. Über die Leiter gelangt man auf die Podestfläche und kann von dort aus mit sicherem Stand und ohne sich anhalten zu müssen, die Kanzeltür öffnen oder schließen. Das ist ein Komfort, den es auch zu erhalten gilt. Podeste sind nämlich nur dann sicher, wenn sie materialtechnisch in Ordnung sind und über ein absturzgesichertes Geländer verfügen. Nichts ist schlimmer als ein morsches Podest oder ein loses Geländer, womit nur Sicherheit vermittelt, aber nicht geboten wird. Deshalb ist bei der regelmäßigen Sicherheitsüberprüfung auch darauf besonders zu achten. Der bauliche Mehraufwand eines sicheren Podests lohnt sich in der Praxis allemal.

Dieses Podest vermittelt Sicherheit für den Einstieg in die Kanzel. Damit diese jedoch auch gewahrt bleibt, müssen regelmäßige Sicherheitsüberprüfungen erfolgen.
Beim Direkteinstieg hilft ein Haltegriff für ein sicheres Auf- und Abbaumen.

Podestbelag und Absturzsicherung (Geländer)

Oftmals führen Leitern zu einem Podest hinauf, über das die Hochstandkanzel betreten wird. Der Abstand (Luftspalt) zwischen den Podestbrettern ist mit 10–15 mm günstig gewählt. Bleibt dies unberücksichtigt, können sie schlecht austrocknen und drücken einander durch ihr Aufquellen bei Wasseraufnahme gegenseitig in die Höhe. Daraus entstehen gefährliche Stolperfallen! Für den Podestbelag empfehle ich, zumindest 40 mm starke Pfosten zu verwenden. Persönlich wähle ich sogar zumeist Pfosten mit 50 mm Stärke, da ich bei der Materialdimensionierung immer gern auf der sicheren Seite bin. Immerhin ist das Podest in der Regel nicht überdacht und über Jahre oder gar Jahrzehnte der Witterung schutzlos ausgeliefert. Selbiges gilt übrigens für Bodenbretter von nicht überdachten Kanzeln.

Auf diesen ebenen hölzernen Flächen bilden sich gerne Algen, die eine potenzielle Rutschgefahr bedeuten. Das Aufnageln oder Anschrauben eines feinmaschigen Drahtgitters kann die entsprechende Sicherheit gewährleisten. Hochstandpodeste können ebenso aus Metall, zum Beispiel aus Gitterrost, hergestellt werden, wodurch sie witterungsbeständiger sind.

Für die Konstruktion des Podests ist es empfehlenswert, die Auskreuzungen oder Diagonalverstrebungen (Windverband) bis unters Podest durchlaufen zu lassen, um zugleich als Abstützungen zu wirken. Das ist die einfachste und effizienteste Form für die Unterkonstruktion eines Podests. Somit sind diese beiden

Links: Podeste aus Gitterrost haben den Vorteil der erhöhten Rutschsicherheit und sind entsprechend witterungsbeständig. Dieses Podest wird von zwei separaten Abstützungen getragen.
Rechts: Durchlaufende Diagonalverstrebungen (Windverband) können die Abstützung des Podests in einfacher Weise übernehmen.

Brust-, Mittel- und Fußwehr bilden eine optimale Absturzsicherung von Hochstandpodesten – sowohl aus Holz als auch aus Metall.

Diagonalverstrebungen an drei Punkten befestigt und noch stabiler. Es ist jedoch auch möglich, das Podest über separate Stangen ausgehend von den Hauptstützen abzustützen.

Um der Absturzgefahr vorzubeugen, sind Plattformen oder Podeste mit entsprechendem Geländer als „Absturzsicherung" zu versehen. Dazu werden drei horizontale Wehre in unterschiedlicher Höhe angeordnet, die als Brustwehr (Oberkante 1 m über Podestniveau), Mittelwehr (0,5 m) und Fußwehr (im Fußbereich) bezeichnet werden. Gerade diese Geländer sollten aus starkem Vollholz gefertigt und gut montiert sein, damit sie bei Gleichgewichtsverlust den entstehenden Belastungen auch standhalten können. Zudem sollten die drei Wehre an der Innenseite der Eckpfosten montiert werden, um sich dagegen stützen zu können. Dadurch werden die Verbindungsmittel nicht auf ihr Herausziehen (Zug) belastet. Die Geländereckpfosten können sehr einfach über stabile Metallwinkel (verzinkte Winkelverbinder) mit dem Podestbelag verbunden werden.

Werden die Eckpfosten des Geländers weiter unter das Podest gezogen und dort mit einem Querstaffel verbunden, sind sie durch

Ein zusätzlicher Querstaffel (roter Pfeil) unterhalb des Podests dient als weitere Fixierungsmöglichkeit der Geländereckpfosten.

Links: Eine weitere Variante: Montage der Eckpfosten mit Winkelverbindern auf der Podestoberseite und zusätzlichem Querstaffel auf der Podestunterseite. Rechts: Spiegelglattes Hochstandpodest. Ohne Absturzsicherung kann es hier rasch bergab gehen. Achtung, Lebensgefahr!

diesen weiteren Fixierungspunkt um einiges stabiler. Anstatt dieses unteren Querstaffels kann auch ein weiterer Metallwinkel an der Unterseite der Podestkonstruktion (sozusagen gespiegelt zu jenen auf der Podestoberseite) angebracht werden und dient ebenfalls als weiterer Fixierungspunkt.

Sichere Hochstandgeländer müssen aber nicht zwingend aus horizontalen Wehren bestehen, sondern können auch aus senkrecht angeordneten (Balkon-)Brettern erstellt werden. Diese bieten zudem entsprechenden Sichtschutz beim Betreten der Kanzel. Neben hölzernen Geländern kommen in der Praxis auch manchmal welche aus Metall zum Einsatz.

Der Überstieg von der Leiter auf das Podest sollte nicht breiter als 80 cm sein und sich nicht gegenüber der Kanzeltür befinden. Wird die Leiter am Podest so positioniert, dass bei geöffneter Tür der Zugang zur Leiter blockiert wird, kann die Absturzgefahr vorbeugend reduziert werden.

Zu jedem Hochstandpodest gehört ausnahmslos eine sichere Geländerkonstruktion. Hierbei darf es keine Zugeständnisse geben - auch wenn das Podest noch so klein und schmal ist. Immerhin hat auch jeder Balkon ein entsprechendes Geländer und jedes begehbare Dach eine zugehörige Brüstung, die vor Abstürzen und folgenschweren Unfällen schützt. Bereits ein Absturz aus geringer Höhe (1 m) und ungünstiger Position (zum Beispiel rücklings) kann beträchtliche Folgen haben und bis zu

einer Querschnittlähmung oder gar zum Tod führen. Denken wir an die Rutschgefahr auf vereisten Podesten und auch an die Nachtjagd, wo schlechte Lichtverhältnisse die Ausmaße eines Hochstandpodests manchmal nicht exakt erkennen lassen. Wir möchten uns zudem nicht ausmalen, welcher Absturz- und damit Lebensgefahr sich Kinder oder andere jagdfremde Personen aussetzen, die unbefugterweise auf Hochständen ohne (sicherem) Geländer herumklettern und sich der möglichen Gefahren nicht bewusst sind.

Links: Das ist nicht einmal die halbe Miete. Zwar gut gemeint, aber diesem Podestgeländer fehlen noch Mittel- und Fußwehr, um als sicher zu gelten. Zudem ist die Brustwehr von deutlich sichtbarer Holzfäulnis betroffen!
Rechts: Achtung, Absturzgefahr! Dieses ungesicherte, schmale Podest ist vor allem eines: lebensgefährlich.

Ein gefährlicher Balanceakt – sowohl bei Tag (links) als auch bei Nacht (rechts). Hier fehlt die Absturzsicherung gänzlich.

Perfekte Konstruktion: Die geöffnete Kanzeltür versperrt den Zugang zur Leiter. Das ist vorbeugender Unfallschutz!

Besonders gefährlich sind schmale Podeste, die gerade einmal so tief wie eine Schuhlänge sind. Bei nach außen zu öffnender Kanzeltür kann in diesem Fall nicht wirklich ein Geländer angebracht werden, was natürlich alles andere als sicher ist. Deshalb rate ich von derart schmalen Podesten aus sicherheitstechnischen Gründen ab. Sie sind sozusagen weder Fisch noch Fleisch.

SICHERE LEITER

Jeder von uns kann sich das Schreckensszenario vorstellen, auf eine Leiter hinaufzusteigen und bei einer Sprosse plötzlich durchzubrechen. Dann geht es unweigerlich bergab. Die größte Hoffnung liegt nun darin, dass zumindest die nächste, darunterliegende Sprosse hält. Das Gewicht unseres Körpers sowie unseres Equipments (Gewehr, Rucksack usw.) belastet diese Sprosse umso mehr. Defekte Leitern stellen leider ein häufiges und nicht zu unterschätzendes Unfallrisiko dar, welches mit verheerenden Folgen verbunden sein kann.

Leitern sind für gewöhnlich ganzjährig der Witterung ausgesetzt. Dementsprechend ist es wichtig, dass sie nicht nur

Bei Dunkelheit (rechts) können defekte Leitern nur schwer beurteilt werden.

Durchgebrochen! Durch fehlende Fundamente sind die Leiterholme abgefault und haben die Verbindungsstelle der ersten Sprosse schon zum Versagen gebracht.

aus starken Bauteilen konstruiert, sondern auch einer genauen regelmäßigen Sicherheitsüberprüfung unterzogen werden. Des Weiteren ist es die Aufgabe jedes Jägers, vor jedem Gebrauch eines Hochstandes auch die Leiter auf offenkundige Mängel zu untersuchen. Dabei ist unter anderem darauf zu achten, dass die Sprossen fest mit den Holmen verbunden und trittsicher sind. Es liegt in der eigenen Verantwortung, bei erkannten sicherheitsrelevanten Mängeln die Leiter nicht weiter hinaufzuklettern, sondern umzukehren und dem Jagdausübungsberechtigten diesen reparaturbedürftigen Zustand sofort zu melden, um eine Reparatur zu veranlassen. Ein weiteres Hinaufbalancieren - gefühlt wie auf rohen Eiern -, wo sich manche Sprosse massiv durchbiegt und verdächtig knarrt, ist also tunlichst zu unterlassen, auch wenn die Jagd an diesem Platz noch so Erfolg versprechend erscheint. Hier ist an die Vernunft und somit an die Sicherheit zu appellieren! Schadhafte Leitern sind zu sperren, zu reparieren oder zu entsorgen.

Bei Dunkelheit kann der Zustand des Hochstandes nur schwer beurteilt werden, wenn man vom Wild möglichst unerkannt bleiben möchte. Deshalb ist auch höchste Vorsicht geboten. Dem Errichter bzw. Erhalter des Hochstandes wird somit ein gewisses Vertrauen entgegengebracht, dass sich die Konstruktion in einem zweckentsprechenden und sicheren Zustand befindet. Dieser Verantwortung müssen wir uns beim Hochstandbau bewusst sein.

Beim Auf- und Abstieg ist aus Sicherheitsgründen das Gesicht der Leiter zuzuwenden und mit einer Hand stets eine Sprosse zu umgreifen. Beide Hände müssen frei sein. Jacke, Ansitzsack & Co haben ihren Platz im Rucksack. Das Absteigen mit der Leiter zugewandtem Rücken („aufrechtes Hinuntergehen") ist lebensgefährlich!

i

Dem Errichter bzw. Erhalter des Hochstandes wird ein gewisses Vertrauen entgegengebracht, dass sich die Konstruktion in einem zweckentsprechenden und sicheren Zustand befindet. Dieser Verantwortung müssen wir uns beim Hochstandbau bewusst sein.

Ein Innenabstand zwischen den beiden Holmen von mindestens 35 cm ist einzuhalten, um mit beiden Füßen auf einer Sprosse stehen zu können.

Holme und Sprossen

Der Aufstieg auf einen Hochstand erfolgt typischerweise über eine Leiter, die für gewöhnlich aus zwei Holmen und darauf montierten Sprossen besteht. Leitern müssen das Gewicht des Jägers inklusive Ausrüstung sowie zusätzlicher natürlicher Belastungen, wie zum Beispiel Schnee, Wind usw. auf jeder einzelnen Sprosse tragen und über die beiden Holme ins Erdreich ableiten können. Bei der Gestaltung der Leiter darf aus Sicherheitsgründen nicht an Material gespart werden.

Wie bereits in diesem Buch erwähnt, benötigen auch Holzleitern ein Fundament (flacher Stein, Beton- oder Metallplatte usw.), sodass die beiden Holme nicht unmittelbar am Erdreich aufsitzen und von Feuchtigkeit möglichst verschont bleiben.

Beim Hochstandbau können auch Leitern aus Metall (verzinkt) eingesetzt werden, die im Vergleich zu Holzleitern in der Regel etwas schlanker ausfallen. Diese sind zwar witterungsbeständiger, können aber, vor allem bei Regen und Eis, sehr rutschig sein. Werden Leitern - unabhängig ihres Materials - mit Erdankern versehen, kann die gesamte Hochstandkonstruktion nochmals stabilisiert werden.

Beim Aufstellen der Leiter ist der optimale Anstellwinkel einzuhalten, welcher 65–75° beträgt und im Revier mithilfe der „Ellbogenmessung" ohne technische Hilfsmittel einfach hergestellt werden kann. Dazu stellt man sich quer zur Leiter, sodass der äußere Fuß neben dem Leiteraufstandspunkt steht. Bei aufrechter Körperhaltung und rechtwinkelig abgebogenem Arm sollte bei optimalem Anstellwinkel der Ellbogen die Leiter berühren. Leiteraufstiege bei zum Beispiel Riegeljagdhochständen können steilere Neigungswinkel aufweisen, da diese fix in der Konstruktion

Links: Metallleiter mit Erdankern für zusätzliche Stabilität.
Rechts: Vorsicht, auf schneebedeckten oder vereisten Aluleitern herrscht Rutschgefahr!

Links: Ellbogenmessung zur Ermittlung des optimalen Anstellwinkels von 65–75°. Rechts: Werden Rundlinge als Sprossen verwendet, sind diese auf deren Rückseite abzuflachen, um eine ausreichende Auflagefläche zu erhalten und Kippgefahr zu vermeiden.

integriert sind. Die Sprossen dieser Leitern reichen zumeist über die gesamte Konstruktionsbreite. Bei breiteren Leitern (>100 cm) ist aus Stabilitätsgründen ein dritter Holm (mittig) auszubilden.

Ein Innenabstand zwischen den beiden Holmen von mindestens 35 cm ist einzuhalten, um mit beiden Füßen auf einer Sprosse stehen zu können. Persönlich wähle ich jedoch gerne 50–60 cm Innenabstand, da ich auch mit breiten Winterschuhen noch entsprechenden Komfort haben möchte. Zudem ist eine breitere Leiter auch um einiges stabiler. Damit auch eine gute Stabilität der Leiter gewährleistet werden kann und sich die Schwingung beim Hinaufklettern (vor allem auf höhere Leitern) in Grenzen hält, greife ich stets zu Holmen im Ø ≥ 10 cm an der schwächsten Stelle. Werden rechteckige Holzquerschnitte für Holme gewählt, sind diese hochkant zu stellen, sodass die Sprossen auf der schmäleren Seite befestigt werden. Dadurch wird die Leiter stabiler.

Für Sprossen bevorzuge ich Staffeln mit 50×80 mm oder Halblinge im Ø ≥ 110 mm (besser 120 mm). Halblinge sollten am oberen Rand entgratet werden, um eine größere Aufstandsfläche zu erhalten. Kommen Rundlinge für Leitersprossen zum Einsatz, sind diese auf der Auflagefläche zu den Holmen abzuflachen, um nicht zu kippen und genügend Auflagefläche zur Verfügung zu haben. Der Abstand von einer zur nächsten Sprossenoberkante soll zwischen mindestens 25 cm und maximal 30 cm liegen und ist selbstredend einheitlich. Auf meinen Hochständen haben sich – bedingt durch meine Körpergröße – 30 cm etabliert.

Der Sprossenquerschnitt (mittig) kann noch so stark sein, wenn die Verbindungsstelle zu den Holmen nicht mehr intakt ist. Achtung, Durchbruchs- und Absturzgefahr!

Da Holzfäulnis für gewöhnlich am Hirnholz (Stirnseite bzw. Holzende) einsetzt, ist auf einen entsprechenden Randabstand zum Verbindungsmittel (Nagel oder Holzschraube) zu achten. Bei Leitern mit Innenmaß zwischen den beiden Holmen von 50 cm ergeben sich daraus folgend Sprossenlängen von in etwa 90 cm. Es ist jedenfalls empfehlenswert, widerstandsfähigere Holzarten für Leitern einzusetzen (zum Beispiel Sprossen aus Lärchenholz).

Leitern sollten immer nur von einer Person bestiegen werden. Dabei geht es nicht wirklich um die zusätzliche Belastung, sondern eher darum, dass die eventuell stürzende obere Person die weiter unten kletternde Person mitreißen kann.

Verbindungsmöglichkeiten von Holmen und Sprossen

Für die Montage der Sprossen mit den Holmen stehen mehrere Möglichkeiten zur Verfügung. Sprossen sollten jedenfalls nach unten mithilfe von Sprossensicherungen gestützt werden, damit die Verbindungsmittel (mindestens zwei Nägel oder zwei Schrauben je Verbindungsstelle) nicht auf Scherung beansprucht werden. Technisch stehen zahlreiche Möglichkeiten der Sprossensicherung zur Verfügung, wobei einige davon im Nachgang vorgestellt werden. Unabhängig davon ist bei der Montage der Sprossen besonderes Augenmerk auf die Randabstände zu legen.

Dabei ist der obligatorische Abstand von zumindest einer Zeigefingerlänge eines Erwachsenen zwischen Nagel oder Schraube bis zum Hirnholz einzuhalten. Ich empfehle jedoch immer, noch ein paar Zentimeter draufzulegen und dadurch die Sprosse weiter hinausragen zu lassen. Mit diesem Randabstand können Risse vom Hirnholz zum Verbindungsmittel möglichst verhindert werden, wodurch keine Feuchtigkeit ins Holz eindringen und die Verbindungsstelle sukzessive schwächen kann. Große Rand-

i

In Bezug auf den Randabstand ist der obligatorische Abstand von zumindest einer Zeigefingerlänge eines Erwachsenen zwischen Nagel oder Schraube bis zum Hirnholz einzuhalten.

Achtung, akute Durchbruchsgefahr! Ein Verbindungsmittel (Schraube) ist zu wenig, ein gefährlicher Riss verläuft zum Hirnholz, wodurch Feuchteeintritt gefördert wird (Algenbefall), und der Randabstand ist zu gering. Dieser Sprossenanschluss ist nicht sicher und muss umgehend getauscht werden.

abstände schützen somit die Verbindungsstellen und erhöhen zugleich die Stabilität der Leiter!

Jedoch sind nicht nur horizontale Randabstände einzuhalten; eine sichere Verbindung braucht auch zum oberen und unteren Sprossenrand entsprechendes „Fleisch" (Materialstärke). Dabei gelten zumindest zwei Fingerbreit als gutes Maß zwischen Verbindungsmittel und (vor allem oberem) Sprossenrand (Auftrittsfläche). Auch hier erhöht jeder zusätzliche Zentimeter mehr an „vertikalem" Randabstand die Sicherheit der Leiterkonstruktion. Die beiden Verbindungsmittel (Nägel oder Schrauben) werden je Sprossenseite v-förmig und mit diagonalem Versatz positioniert. An dieser Stelle möchte ich ergänzend auf das Kapitel „Konstruktionsverbindungen aus Holz" (siehe Seite 101) verweisen.

In der Praxis verwende ich für Sprossenanschlüsse Nägel ab einer Länge von 140 mm oder Holzbauschrauben im Ø 6 mm. Für beide Verbindungsmittel (Nägel oder Schrauben) bohre ich entsprechend vor, um nicht nur eine bessere Führung, sondern auch eine bessere Lochleibungsfestigkeit zu erhalten.

Es ist jedenfalls empfehlenswert, die Leiter am sicheren Boden im liegenden Zustand herzustellen und diese im Anschluss im richtigen Neigungswinkel mit dem Kanzelbock zu verbinden. Dadurch kann auch mehrmals am Boden mit einer Diagonalmessung kontrollgemessen werden, ob die Leiter auch gerade bzw. im Winkel ist. Dies ist im stehenden Zustand kaum noch

Die beiden Nägel sollten v-förmig und diagonal versetzt durch die Sprossen in die Holme eingetrieben werden. Vorbohren nicht vergessen!

Oben links: Mit dem Zeigefinger kann ein Mindestmaß für den Randabstand einer Sprosse sehr einfach ermittelt werden. Tipp: Jeder Zentimeter mehr steht für noch mehr Sicherheit! Danach wird als Sprossensicherung ein Metallwinkel montiert.
Oben rechts: Ein oberer Randabstand von zumindest zwei Fingerbreit bietet genug „Fleisch", um die Verbindungsstelle ausreichend zu schützen.
Roter Pfeil: beanspruchter Holzrand (Auftrittsseite oben).

Mit einer beidseitigen Diagonalmessung werden Holme und Sprossen passend ausgerichtet. Die Montage am Boden ist nicht nur sicherer, sondern auch einfacher als im bereits angelehnten (aufrechten) Zustand.

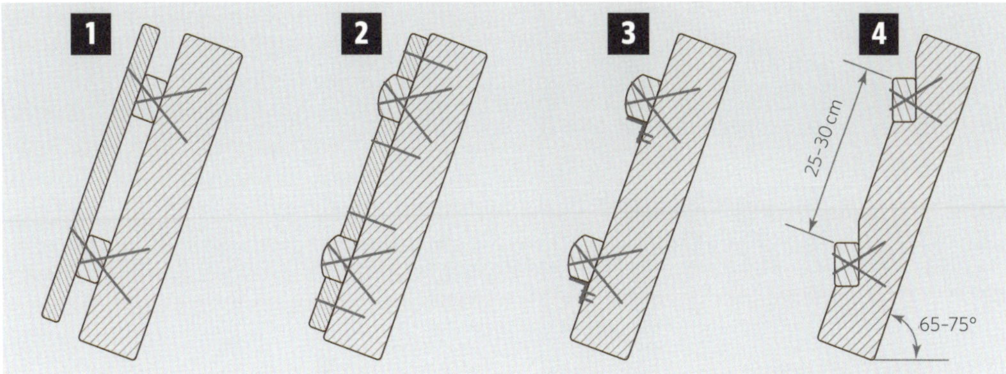

Gängige Varianten von Sprossensicherungen:
1 mit Lastverteilungslatten
2 mit Zwischenleisten
3 mit Metallwinkel
4 mit eingekerbten Holmen

möglich. Zudem ist das Einschrauben oder Hämmern schwierig, wenn man sich zugleich mit einer Hand anhalten muss. Die Leiter schwingt beim Hämmern mit, was die Arbeit nicht gerade vereinfacht und auch nicht unbedingt sicherer gestaltet. Auch der Stand auf einer Sprosse ist nicht mit der Arbeit am Boden vergleichbar.

Um eine Sprossensicherung anzubringen, stehen in der Praxis mehrere gängige Varianten zur Verfügung. Dabei kommen Lastverteilungslatten, Zwischenleisten oder Metallwinkel zum Einsatz, um Nägel oder Schrauben keinen Scherbelastungen auszusetzen. Auch wenn eingekerbte Holme eine mögliche Art von Sprossensicherungen darstellen, sind sie meines Erachtens eher nicht empfehlenswert.

Lastverteilungslatten 1

Eine Möglichkeit zur Sprossensicherung ist der Einsatz von zwei holmparallelen Lastverteilungslatten, die über den Sprossen und Holmen durch Nägel oder Schrauben montiert werden. Die Lastverteilungslatten vergrößern nicht nur den Gesamtleiterquer-

Empfehlenswert: Lastverteilungslatten als Sprossensicherung stärken die Stabilität der Leiter.

Auf Zwischenleisten können sich Leitersprossen bei Belastung abstützen. Einziger konstruktiver Kritikpunkt: Die Sprosse wurde mit nur einer Holzschraube je Seite befestigt.

schnitt und stabilisieren dadurch die Leiter, sondern können auch Belastungen einzelner Sprossen auf alle anderen verteilen. Diese Art der Sprossensicherung beansprucht (verletzt) die Holme am wenigsten, da nur wenige Nägel oder Holzschrauben benötigt werden. Zudem reicht nur ein Verbindungsmittel bis zur Oberfläche, wodurch weniger Feuchtigkeit eindringen kann. Ich persönlich gestalte die Leitern meiner Hochstände hauptsächlich in dieser Form.

Zwischenleisten **2**

Eine weitere Variante ist, zwischen den Sprossen Zwischenleisten anzubringen, die ebenso die Belastungen auf mehrere Sprossen verteilen. Sie erhöhen dadurch nicht nur den Gesamtquerschnitt, sondern auch die Leiterstabilität. Dabei sind rechteckige Sprossen erforderlich. Halblinge sind somit zurechtzuschneiden. Nicht zu unterschätzen ist, dass die Holme durch die vielen Verbindungsmittel (Sprossen & Zwischenleisten) materialtechnisch durchwegs verletzt werden. Die Wirkung dieser Form der Sprossensicherung kann sich nur dann entfalten, wenn die Zwischenleisten auch exakt zwischen den Sprossen eingepasst sind. An den kleinen Schnittpunkten zwischen Sprossen und Zwischenleisten sammelt sich leicht Feuchtigkeit, die oftmals nur langsam austrocknen kann. Deshalb regelmäßig kontrollieren.

Metallwinkel **3**

Es ist zudem möglich, Leitersprossen mit Metallwinkeln zu sichern. Die verzinkten Metallwinkel können auch nachträglich montiert werden. Wichtig dabei ist, dass die Winkel ohne Luftspalt zur Unterseite der Sprossen platziert werden.

Metallwinkel bieten den Sprossen die Möglichkeit zum sicheren Abstützen, sodass die Verbindungsmittel der Sprossen nicht auf Scherung beansprucht werden.

Vorsicht! Bei den Einkerbungen sammelt sich gerne Feuchtigkeit, die auf Dauer die Tragfähigkeit der Leiter negativ beeinflussen kann. Keine Empfehlung!

Eingekerbte Holme **4**

Auf so manchen Hochständen sind die beiden Leiterholme eingekerbt, wodurch sich die Sprossen nach unten hin abstützen können. Dadurch werden die lastabtragenden Holme materialtechnisch geschwächt, weshalb ihr Querschnitt noch stärker ausfallen muss. Diese Art der Sprossensicherung ist aus meiner Sicht hinsichtlich der Dauerhaftigkeit problematisch, da sich bei den Einkerbungen gern Feuchtigkeit sammelt, die nur entsprechend langsam trocknen kann. Dort beginnt das Holz (sowohl von Sprosse als auch vom Holm) oftmals zu faulen. Zudem müssen die Einkerbungen perfekt passen, damit die Sprossen präzise aufsitzen und nicht zu wackeln beginnen. Aus den genannten Gründen präferiere ich diese Art der Sprossensicherung in der Praxis nicht.

Waagrechte Trittstufen

Leitern werden zwar selten, aber doch mit waagrechten Trittstufen (anstelle von Sprossen) ausgestattet, die in beiden Wangen (Holmen) eingelassen oder über Führungsleisten mit ihnen verbunden werden. Die Trittstufen werden dabei zumeist aus Gitterrost hergestellt. Im Gegensatz zu herkömmlichen Leitern ist bei derartigen Aufstiegen jedenfalls ein Handlauf erforderlich, da hier mit aufrechter Körperhaltung auf- und abgestiegen und eben nicht die nächste Sprosse bzw. Trittstufe umfasst wird. Beim Auf- und Abbaumen in aufrech-

Waagrechte Trittstufen aus Gitterrost inkl. Handlauf (grün).

Links: Der Handlauf inkl. Geländer bietet optimale Bedingungen für ein sicheres Auf- und Abbaumen. Rechts: Diese Leiter wird mit Erdankern vor dem Wegrutschen geschützt. Aber Achtung – hier fehlen die Fundamente!

Zusätzliche Verstrebungen (rote Pfeile) von Kanzelbock und Leiter erhöhen die Gesamtstabilität und reduzieren Leiterschwingungen.

ter Körperhaltung sollte stets eine Hand am Handlauf sein, um bei einem Gleichgewichtsverlust sofort Halt zu finden. Vorteilhaft ist hierbei die größere Trittfläche im Vergleich zu herkömmlichen Leitern.

Montageanschlüsse von Leitern

Leitern müssen auf der oberen Seite (Überstieg zu Podest oder Kanzel) beständig mit dem Kanzelbock verbunden sein, sodass ein Wegrutschen ausgeschlossen ist. Eine Verankerung mit dem Erdreich verleiht nicht nur der Leiter, sondern auch der Gesamtkonstruktion zusätzliche Stabilität und entlastet zudem die obere Montage am Überstieg. Generell gilt, dass die Stabilität von Leitern erhöht wird, wenn diese über Verstrebungen mit dem Kanzelbock verbunden und dadurch abgestützt werden. Somit können auch bei längeren Leitern unangenehme Schwingungen reduziert werden.

Bei Direkteinstiegen ist daran zu denken, dass die Leiterholme auf einem starken Querriegel aufliegen. Ein Befestigen der Leiter lediglich an deren obersten (angeschnittenen) Holmflächen ist nicht sicher. Viel zu groß ist die Gefahr, dass diese Bereiche zu faulen beginnen und die Montageanschlüsse ihre Kraftschlüssigkeit verlieren. Ein gefährliches Abrutschen der Leiter wäre dabei die Folge. Viel eher ist jene Variante zu empfehlen, bei der mit einem Querriegel die Hauptstützen verbunden werden und damit eine Auflagemöglichkeit für die beiden Holme geschaffen wird. Selbstredend muss dieser Querriegel entsprechend stark gewählt werden. Die Montageanschlüsse von Leitern sind im

Rahmen der regelmäßigen Sicherheitsüberprüfungen besonders zu untersuchen.

Links: Dieser Montageanschluss der Leiter ist nicht sicher! Die oberen Auflagerflächen der Holme sind zu gering.
Rechts: Sicherer Montageanschluss einer Leiter bei einem Direkteinstieg, wo die beiden Leiterholme auf einem Querriegel aufliegen. Fazit: viel besser.

Handlauf

Obwohl Leitern nicht zwingend über einen Handlauf verfügen müssen, ist dieser dennoch empfehlenswert. Ein Handlauf bietet eine zusätzliche Griffmöglichkeit, die insbesondere bei der Nachtjagd für mehr Sicherheit beim Auf- und Abstieg sorgt. Wer einen Handlauf entlang einer Leiter montiert, muss sich allerdings bewusst sein, dass dieser auch sämtlichen Belastungen, die bei einem Abrutschen oder einem Verlust des Gleichgewichts entstehen können, standhalten muss. Dementsprechend stabil und stark muss dieser Bauteil ausgeführt sein.

Ein Handlauf würde hier das Auf- und Absteigen bedeutend sicherer machen, vor allem bei Dunkelheit.

Perfekte Bedingungen: Zwei Handläufe führen sicher bis in luftige Höhen. Trotz der enormen Höhe hat man stets ein sicheres Gefühl.

Morsche Hauptstützen haben diesen Hochstand zum Umstürzen gebracht. Mit Fundamenten wäre das nicht passiert.

GLÜCK IM UNGLÜCK

Es ist früher Morgen, und wir treffen einander auf dem Sammelplatz zur heutigen Riegeljagd. Aus dem Hut, der vorhin durchgegeben worden ist, habe ich den Stand mit Nummer 14 herausgefischt. Die Revierkarte mit den eingetragenen Hochständen verrät mir, dass es ein erfolgreicher Tag sein könnte, denn die Sauen waren in den letzten Jahren nicht selten in den benachbarten Brombeerstauden eingeschoben.

Der Stand ist bezogen, die Riegeljagd startet punktgenau, und die Treiberwehr setzt sich in Bewegung. Schon wenig später ist das Revier mit aufgeregtem Hundegeläut gefüllt, und die ersten Schüsse hallen durch die Wälder. Spürbar hebt sich der Adrenalinspiegel, denn auf einem der Nachbarstände fallen Schüsse.

Dann wird es leise. Die Treiberwehr passiert meinen Stand. Ein freundlicher Gruß und eine fragende Gestik nach möglicher Beute in meine Richtung werden mit einem Achselzucken quittiert - mein Lauf ist noch kalt geblieben. Nachdem die Treiber weg sind, fallen unweit von mir Schüsse. Ich kann schweres Wild flüchten hören. Links von mir und hinter mir fallen weitere Schüsse. Sekunden später wechseln zwei Überläufer in meinen Schussbereich. Doch leider ziehen sie direkt am Horizont vorbei, und so bleibt mein Finger lang. Kein Kugelfang!

Das war dann auch mein einziges Jagderlebnis des heutigen Tages. Doch so ist es bei der Jagd: Einmal passt's und ein andermal nicht. Ich werde abgeholt, und am Rückweg zur Jagdhütte berichten die erfolgreichen Schützen von ihren Jagderlebnissen. Bei der Hütte angekommen, greife ich einen Becher mit heißem Tee, um die klammen Finger etwas aufzuwärmen.

Als ich in die Runde blicke, sehe ich, dass sich viele Jägerinnen und Jäger bei der Geschichte eines Freundes amüsieren. Einige lachen, doch an mancher Mimik erkenne ich eine Mischung aus Ungläubigkeit und Mitleid. Ich stelle mich dazu, und mein Jagdfreund beginnt von vorne.

Ihm sei eine offene Kanzel mit Kanzelbock zugeteilt worden. Mit seiner Begleiterin sei er die Leiter hinaufgeklettert. Oben angekommen, habe er sich eingerichtet und sein Schussfeld analysiert. Seinen Schilderungen nach habe er sich danach an den Rand der Sitzbank gesetzt. Gefolgt von einem lauten Krach habe sich plötzlich der Hochstand zur Seite geneigt und auf den Weg Richtung Boden gemacht. An dieser Stelle der Geschichte konnte man die Furcht in seinen Augen sehen. Es muss ein Albtraum gewesen sein, den Boden auf sich zukommen zu sehen. Doch alle Schutzengel sind bei den beiden gewesen, und so hat eine lebensrettende Fichte den umstürzenden Hochstand regelrecht aufgefangen. In dieser sprichwörtlichen Schieflage ist der Hochstand zur Ruhe gekommen. Nachdem die Leiter ausgehebelt worden ist, hat sie auch keinen Kontakt mehr zum Boden gehabt. Das Hinunterklettern sei eine nicht minder aufregende Tortur gewesen, so mein Freund. „Wie auf rohen Eiern balancierten wir die demolierte Leiter hinunter", beschreibt er diese unvergesslichen Minuten.

Wie durch ein Wunder ist den Beteiligten nichts passiert. Und wie durch ein Wunder steht genau diese eine Fichte am richtigen Ort, um den umstürzenden Hochstand aufzufangen. Was allerdings kein Wunder ist, ist die Ursache dieses Konstruktionsversagens. Die Hauptstützen - Fichtenrundlinge - sind direkt am Waldboden aufgestanden. Damit sind sie von unten mit Feuchtigkeit versorgt worden und sukzessive abgefault. Oft ist diese Holzzersetzung von außen nicht sofort erkennbar, obwohl im Inneren schon großer Schaden entstanden ist. Aufgrund der Belastung ist eine der vier Hauptstützen im unteren Bereich eingeknickt und hat den Hochstand zum Umstürzen gebracht. Hätte man beim Bau des Hochstandes die Hauptstützen auf Fundamente gestellt, wäre es nicht zu diesem Unfall gekommen. Und dennoch ist es Glück im Unglück gewesen!

KOMFORT & SCHUTZ

KANZEL

Kanzeln bieten einen nicht unbeträchtlichen Komfort bei der Ausübung der Jagd. Sie schützen uns Jäger vor Witterungseinflüssen (Regen, Schnee, Wind, direkte Sonneneinstrahlung usw.) und verleihen uns auch Sichtschutz, um vom Wild nicht erkannt zu werden. Zudem erhält man für gewöhnlich optimale Bedingungen zum Beobachten und Erlegen von Wild. Wie bereits eingangs erläutert wurde, können Kanzeln in geschlossener (dicht, mit Tür und Fenstern) und offener (nur Aussparungen, ohne Fenstern und Tür) Bauweise unterteilt werden. Kanzeln können separat (zweiteilig, unabhängig vom Kanzelbock) oder direkt an den durchlaufenden Hauptstützen des Kanzelbockes (einteilig) montiert werden.

Bei Kanzeln spielen die Konstruktionsabmessungen eine wesentliche Rolle, immerhin sind sie maßgeblich für den Schießkomfort verantwortlich und leisten dadurch einen nicht unwesentlichen Beitrag zur Trefferquote. Die wesentlichen Abmessungen für optimale Schießbedingungen möchte ich in der Folge ebenso erläutern wie die mögliche Ausgestaltung von Kanzelwänden, Tür, Fenstern und Dach.

OPTIMALE ABMESSUNGEN

Auf bestimmten Hochständen kann man sich beim Schießen richtig gut „einspannen" und findet auch eine optimale Auflagemöglichkeit für Vorderschaft und Ellbogen vor. Das Absehen des Zielfernrohrs „klebt" förmlich in der Trefferzone des Wildkörpers, und man hat ein sicheres Gefühl für den bevorstehenden Schuss. Auf diesen Hochständen ist die Trefferquote top, und aufgrund dieser günstigen Bedingungen sitzt man zumeist auch auf genau diesen Hochständen. Auf anderen Reviereinrichtungen hat man hingegen ein weniger gutes Gefühl, denn dort muss man sich unter Umständen verkrampfen, um in eine halbwegs akzeptable Schießposition zu gelangen. Wenn das Ruhevermögen nicht entsprechend hoch ist, können daraus schlechte Schüsse resultieren. Eine gute Schießauflage ist die halbe Miete für einen erfolgreichen Treffer. Im Gegensatz dazu kann aber auch eine schlechte Auflage zu Fehlschüssen oder schlechten Treffern führen. Dass dies nicht nur eine Floskel ist, möchte ich anhand einer kurzen Jagdgeschichte erläutern.

Ich war auf einen nächtlichen Wildschweinansitz eingeladen. Nach einer Stunde schrieb mir der Jagdherr eine Nachricht, dass

Eine gute Schießauflage ist die halbe Miete für einen erfolgreichen Treffer. Im Gegensatz dazu kann aber auch eine schlechte Auflage zu Fehlschüssen oder schlechten Treffern führen.

Ist das Sitzbrett zu hoch oder zu tief montiert, kann dies auf Dauer unangenehm bis schmerzhaft werden. Die optimale Höhe der Sitzbrettoberkante liegt bei 47–50 cm. Dieses Maß passt für gewöhnlich jeder durchschnittlich gewachsenen Person.

ein weiterer Jagdkollege bereits zu Schuss gekommen sei. Der beschriebene Frischling (etwa 20 kg) müsse noch ein paar Meter geflüchtet sein, weil er nicht am Anschuss liege. Nach einer weiteren Stunde wurde ich abgeholt. Wir waren direkt auf dem Weg zur Kirrung, auf der der Frischling beschossen worden war, denn bis dato suchte unser Jagdkollege vergebens nach Birschzeichen. Unsere Nachsuchehilfe, ein Abglasen mit der Wärmebildkamera und der Einsatz eines Jagdhundes brachten leider keine weiteren Erkenntnisse, und so musste der Schütze einen Fehlschuss hinnehmen. „Das gibt's doch nicht! Ich bin eigentlich nicht so schlecht abgekommen", teilte er uns wiederholt in verzweifelter und leiser Stimme mit. Auf eine derart kurze Distanz (etwa 40 m) zu fehlen ist besonders bitter, zumal es nicht einmal die Tiefschussproblematik bei Steilkurzschüssen (siehe Seite 62) gewesen sein konnte, weil die Kirrung auf einem Gegenhang auf gleicher Höhe positioniert ist. So endete dieser Jagdansitz erfolglos. Kaum einen Monat später haben wir erneut die Hochstände besetzt, um wieder auf Wildschweine anzusitzen. Diesmal wurde ich dem Hochstand zugeteilt, von dem aus zuletzt der Frischling gefehlt worden war. Ich hatte den Fehlschuss meines Jagdkollegen schon längst vergessen, doch als ich – wie immer nach dem Beziehen eines Hochstandes – die Schießposition in die Hauptschießrichtung (hier: Kirrung) prüfte, wurde mir sofort der Grund des besagten Fehlschusses bewusst. Der Schießkomfort war gelinde gesagt suboptimal, da die Brüstung für diesen beinahe horizontalen bis leicht ansteigenden Schuss zur Kirrung (Gegenhang) viel zu niedrig ausgeführt war. Dadurch musste ich mit dem Gesäß ganz zurück rutschen und den Oberkörper fast auf die Oberschenkel auflegen. Also wahrlich keine guten Voraussetzungen für einen sauberen Schuss! Diese wahre Begebenheit zeigt, wie wichtig die Ausgestaltung von Hochständen anhand bestimmter Abmessungen ist, um damit optimalen Schießkomfort zu bieten und perfekte Voraussetzungen für sichere Treffer geschaffen zu haben. Gibt es nun gewisse Standardmaße für Hochstände, um einen perfekten Schießkomfort konstruktiv zu erreichen? – Die Antwort lautet: Ja!

Optimale Schießauflage

Um einen optimalen Schießkomfort auf Hochständen zu erreichen, sind zunächst die Voraussetzungen dafür zu klären. Damit die Jagdgeschosse möglichst treffsicher im Wildkörper landen, braucht es ein gutes Ruhevermögen des Schützen. In der Praxis hat sich die Dreipunktauflage als ideale Schießtechnik herauskristallisiert. Dabei ist die Schaftkappe in der Schultertasche angelegt, der Vorderschaft liegt auf der Gewehrauflage auf, und die beiden Ellbogen des Schützen stützen sich auf den dafür vorgesehenen Armauflagen ab. Damit ist der Schütze sozusagen

Links: Perfekte Schießbedingungen durch die Dreipunktauflage: Der Vorderschaft liegt auf und beide Ellbogen sind abgestützt.
Rechts oben: Auf zwei Führungsleisten kann das Sitzbrett verschoben und individuell angepasst werden. Zwei Leisten an der Unterseite verhindern ein seitliches Wegrutschen des Sitzbretts.
Rechts unten: Drehsessel bieten höchsten Komfort und Flexibilität für eine Rundumsicht ohne Verrenkungen.

„eingespannt" und kann das Gewehr möglichst ruhig halten, da er sich mit den umliegenden fixen Bauteilen möglichst gut verbindet. Beim Bau von Hochständen gilt es, genau diese Bedingungen für eine optimale Dreipunktauflage zu schaffen.

Sitzbrett

An so manchem Ansitz verbringen wir einige Stunden in sitzender Körperhaltung. Ist hierbei das Sitzbrett zu hoch oder zu tief montiert, kann dies auf Dauer unangenehm bis schmerzhaft werden. Die optimale Höhe der Sitzbrettoberkante liegt bei 47-50 cm. Dieses Maß passt für gewöhnlich jeder durchschnittlich gewachsenen Person. Besonders große oder etwas kleinere Menschen können die Position etwas nach oben oder unten korrigieren. Soll das Sitzbrett bepolstert werden, ist dies für die endgültige Sitzhöhe ebenfalls zu berücksichtigen.

Nachdem beim Schießen eine entsprechende Oberkörpervorlage und ein satter Schulterdruck erforderlich sind, stellt sich die Frage, wie weit das Sitzbrett von der Brüstung entfernt sein soll. Für ergonomisch entspanntes Schießen ergibt sich für gewöhnlich ein Abstand von 65 cm zwischen der Vorderkante des Sitzbretts und der Brüstung (Gewehrauflage). Dieses Maß gilt für durchschnittliche Körpergrößen. Für besonders Großgewachsene sind entsprechend mehr Zentimeter zu berechnen. Nicht

Das Sitzbrett selbst sollte – für einen durchschnittlich großen bzw. schweren Jäger passend – etwa 35–40 cm tief sein. Wenn die vordere Oberkante des Sitzbretts zudem abgerundet wird, sorgt dies für noch bequemeres Sitzen.

zuletzt deshalb ist es empfehlenswert, das Sitzbrett auf zwei Führungsleisten verschiebbar auszuführen und nicht fix zu montieren. Wird die Unterseite des Sitzbretts mit Filz bezogen, kann es beinahe lautlos entlang der Führungsleisten verschoben werden. Filzunterlagen sollten jedoch nur bei witterungsgeschützten Kanzeln zur Anwendung kommen, da sie Feuchtigkeit eher ungünstig standhalten.

Damit es nicht zu vermeidbaren Geräuschen kommt, ist es ideal, die Sitzbrettbreite nicht zu genau einzupassen, sondern links und rechts zu den Seitenwänden etwas Spiel zu belassen. Auf der Unterseite sind beiderseits jeweils Leisten zu empfehlen, die ein Abrutschen des Sitzbretts verhindern. Das Sitzbrett selbst sollte – für einen durchschnittlich großen bzw. schweren Jäger passend – etwa 35–40 cm tief sein. Für die Stärke von Sitzbrettern wähle ich in Abhängigkeit von der Breite gerne 30 mm. Wenn die vordere Oberkante zudem noch abgerundet wird, sorgt dies für ein noch bequemeres Sitzen. Bei offenen Hochständen sollte das Sitzbrett vor dem Abbaumen aufgestellt werden, um möglichem Niederschlag etwas weniger ausgesetzt zu sein. In Ergänzung zum Sitzbrett können auch Rückenlehnen gebaut werden. Sie schränken zwar die Bewegungsfreiheit innerhalb der Kanzel ein bisschen ein, tragen aber zu einem entspannteren Sitzen bei.

In geschlossenen Kanzeln können Drehsessel für Flexibilität sorgen. Sie bieten die Möglichkeit, lautlos, rasch und bequem alle Himmelsrichtungen unter Kontrolle zu haben, ohne sich viel bewegen oder verrenken zu müssen. Der gepolsterte Sessel mit komfortabler Rückenlehne bietet einen entsprechenden Wohlfühlfaktor, sodass auch stundenlange Ansitze kein Problem darstellen. Nachteilig ist dabei, dass Begleitpersonen kaum Platz haben und Kanzelgrundflächen größer ausfallen müssen.

Gewehrauflage

Eine gute Auflage ist bereits die halbe Miete für einen gut platzierten Treffer. Für Schüsse im flachen Gelände sollte die Gewehrauflage für den Vorderschaft optimalerweise auf eine Brüstungshöhe von 105–110 cm über Kanzelbodenniveau ausgelegt sein. Bei steilem Gelände (bergauf oder bergab) ist die Brüstungshöhe entsprechend zu adaptieren, damit optimaler Schießkomfort gegeben ist.

Bei geschlossenen Kanzeln wird aus den Fensteröffnungen geschossen, wodurch die Fensterbreite eine wesentliche Rolle spielt: Sie begrenzt die möglichen Schusswinkel. Größere Fenster bieten somit größere Aktionsradien und somit auch mehr Flexibilität. Fakt ist aber auch, dass dann Bewegungen des Jägers vom Wild eher wahrgenommen werden können. Dieses äugt aber von Natur aus kaum nach oben, weswegen größere Fenster jedenfalls vorteilhaft sind. Ist die Fensterhöhe zu gering dimensioniert,

Die Brüstungshöhe ist bei steilem Gelände (bergauf oder bergab) in der Höhe entsprechend anzupassen, um optimalen Schießkomfort zu erhalten.

kann so mancher Ansitz für große Personen schnell unangenehm werden und möglicherweise mit Nackenschmerzen einhergehen. Eine Fensterhöhe von 40–50 cm hat sich in der Praxis bewährt.

Auf manchen Hochständen sind Sandsäcke bzw. Schießauflagen mit feuchtigkeitsunempfindlichem Granulat als unterstützende Gewehrauflage zu finden. Brüstungen können auch mit Isolationsmaterial überzogen werden, um eine leise und schonende Gewehrauflage für den Vorderschaft zur Verfügung zu haben. Es eignen sich jedoch auch Leder- oder Neoprengewehrriemen, die zwischen Vorderschaft und Holzbrüstung untergelegt werden, um das Gewehr optimal zu betten.

Armauflage

Für einen sauberen Schuss ist bei Rechtsschützen neben der Gewehrauflage für den Vorderschaft zumindest die Armauflage für den rechten Ellbogen unumgänglich. Das Ruhevermögen und gleichbedeutend die Schussdistanz können zusätzlich gesteigert werden, wenn auch der linke Ellbogen abgestützt werden kann (Stichwort: Dreipunktauflage). Für eine angenehme Schießposition sollte die Armauflage 5–10 cm unterhalb der Gewehrauflage positioniert sein. Dies kann durch ein (Schieß-)Brett erreicht werden, das in entsprechendem Abstand unterhalb der Auflagenbrüstung bzw. des Fensters angebracht ist. Auf dieser umlaufenden Armauflage kann eine verschiebbare Schießleiste zur zusätzlichen Unterstützung des linken Ellbogens aufgelegt werden. Auch hier gilt: Nicht zu genau einpassen, damit beim Einrichten keine unnötigen Geräusche entstehen. Somit sind für einen optimalen Schuss im Sinne der Dreipunktauflage beste Voraussetzungen geschaffen. Ist die Armauflage allerdings zu hoch montiert, muss der Ellbogen unnatürlich hoch aufgelegt werden, was den Schießkomfort schmälert.

Oben links: Die umlaufende Armauflage **1** *liegt etwas unter der Gewehrauflage* **2** *(5–10 cm).*
Oben rechts: Alternativ kann der Ellbogen am Knie aufgelegt werden, falls keine Armauflage vorhanden ist.
Unten: Natürliche und entspannte Schießposition vom Bodensitz aus.

Ergibt sich eine jagdliche Situation oder ein Schusswinkel, in der beziehungsweise in dem für den Ellbogen keine Armauflage vorhanden ist, kann das abgewinkelte Knie als Auflage aushelfen. Dabei wird der Fuß am besten direkt auf der Führungsleiste des Sitzbretts aufgestellt. Sind keine Führungsleisten für ein Sitzbrett vorhanden, weil ein Drehsessel verwendet wird, ist die Montage von Leisten für eine Knieauflage auf einer Höhe von 30–40 cm über dem Kanzelboden zu empfehlen. Testen Sie die Knieauflage beim nächsten Schießplatzbesuch oder im Revier aus: Das Ruhevermögen ist damit erstaunlich gut.

Kanzeldimensionen

Ist der ideale Standort für den neuen Hochstand gefunden, ergeben sich beim Bau immer wieder Fragen nach den optimalen Abmessungen der einzelnen Bauteile, etwa des Kanzelgrundrisses oder der Höhe von Sitzbrett, Gewehrauflage, Kanzelhöhe & Co.

Die Frage nach der optimalen Kanzelgröße kann nicht wirklich in einem Satz beantwortet werden, denn es gibt verschiedene Kanzeltypen. „Schlafkanzeln" verfügen, wie der Name schon sagt, über eine Schlafmöglichkeit, „Familienkanzeln" sind für mehrere Personen ausgelegt. Die Grundrissgröße ist somit stets an den Zweck anzupassen. Für mich persönlich haben sich Kanzelabmessungen von 1,40×1,40 m bis 1,50×1,50 m als optimal herausgestellt. Hierin passen entweder ein Drehsessel oder ein Sitzbrett für zwei Personen, um einerseits optimalen Schießkomfort und andererseits auch angenehme Platzverhältnisse über viele Stunden hinweg zur Verfügung zu haben. Gerade im Zeitalter von Schalldämpfern bieten etwas größere Kanzeln mehr Platz, sodass die lautlose Handhabung der Büchse erleichtert wird.

Für die Kanzelhöhe hingegen können 190–200 cm empfohlen werden, da ein zu hohes Maß die Windangriffsfläche unnötig erhöhen würde. Mit dieser Höhe sind ein aufrechtes Stehen und in weiterer Folge ein sicheres Ein- und Aussteigen jedenfalls gewährleistet. Kanzeln mit dieser Höhe kommen dem Jäger bei der Handhabung - vor allem bei Büchsen mit Schalldämpfern - entgegen, weil man im Dunkeln weniger oft an einem Bauteil anstößt und so das nah stehende Wild nicht unnötig vergrämt.

Wer eine neue Kanzel plant, kann die Öffnungsrichtung der Tür so auslegen, dass die offene Tür den Zugang zur Leiter blockiert. Vor allem in der Dunkelheit können durch derartige konstruktive Maßnahmen Unfälle, etwa Abstürze, vermieden werden. An dieser Stelle sei noch einmal auf die Montage der Absturzsicherung bei Hochstandpodesten hingewiesen, die aus Brustwehr (100 cm), Mittelwehr (50 cm) und Fußwehr (direkt auf der Podestfläche) besteht.

Links: Schlafkanzeln oder Familienkanzeln verfügen über größere Dimensionen. Rechts: In der Werkstatt finden sich beste Voraussetzungen, um eine Kanzel mit optimalen Abmessungen zu bauen.

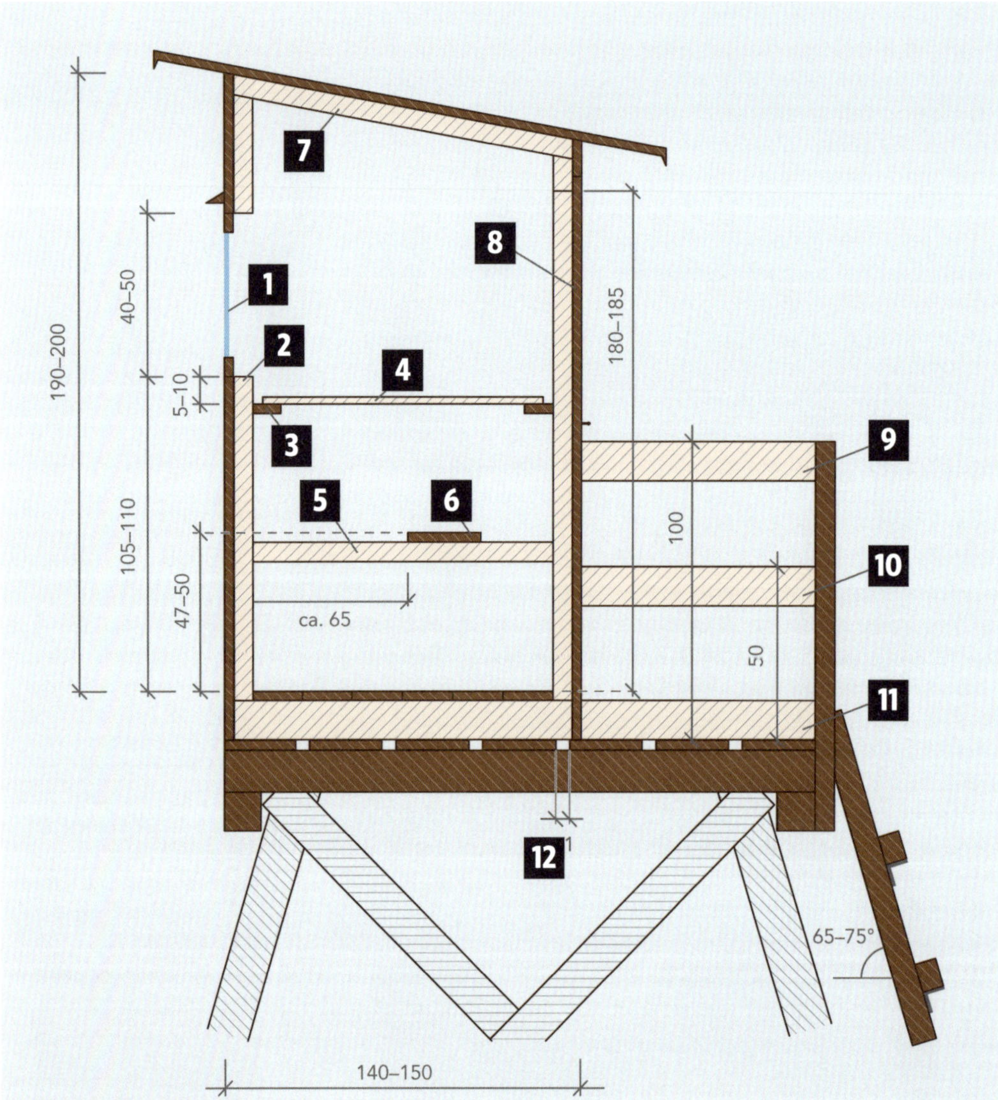

Optimale Abmessungen einer Kanzel, um möglichst hohen Schießkomfort für erfolgreiche Treffer zu gewährleisten.

Wir Jäger verbringen zahlreiche Stunden auf unseren oft mit viel Liebe gebauten Hochständen. Damit sie während dieser Zeit ihrer Passion mit allen Sinnen nachgehen können und für den Moment des Schusses.bestens gerüstet sind, ist es wichtig, dass das „jagdliche Wohnzimmer" auch entsprechend ausgestattet ist. Es bedarf der Einhaltung einiger weniger Abmessungen, um konstruktiv für einen optimalen Schießkomfort zu sorgen. Sofern die sicherheitsrelevanten Aspekte – zum Beispiel ausreichend starke Bauteildimensionen – eingehalten werden, sind der Kreativität beim Hochstandbau kaum Grenzen gesetzt. In obiger Grafik bzw. nebenstehender Liste finden Sie alle relevanten Maße.

	Bauteil	Erläuterungen
1	Fenster	40-50 cm Fensterhöhe
2	Gewehrauflage	105-110 cm über dem Kanzelboden
3	Schießbrett	5-10 cm unterhalb der Gewehrauflage (= seitliche Armauflage)
4	Armauflage	(verschiebbare) Leiste zum Abstützen des Ellbogens
5	Führungsleisten des Sitzbretts	47-50 cm (für finale Sitzhöhe Polster- bzw. Sitzbrettstärke beachten!)
6	Sitzbrett	etwa 65 cm Abstand zur Brüstung; verschiebbar; 35-40 cm tief, mindestens 30 mm stark
7	Kanzelhöhe	190-200 cm für aufrechtes Stehen ausreichend
8	Tür/Einstieg	180-185 cm hoch, 60-65 cm breit
9	Brustwehr	Oberkante 100 cm über Podestfläche
10	Mittelwehr	Oberkante 50 cm über Podestfläche
11	Fußwehr	direkt auf Podestfläche aufstehend
12	Podestbretter	min. 1 cm Abstand zwischen den Brettern, Kernseite nach oben zeigend

Es bedarf der Einhaltung einiger weniger Abmessungen, um konstruktiv für einen optimalen Schießkomfort zu sorgen. Sofern die sicherheitsrelevanten Aspekte – zum Beispiel ausreichend starke Bauteildimensionen – eingehalten werden, sind der Kreativität beim Hochstandbau kaum Grenzen gesetzt.

KANZELWÄNDE

Die Wände einer Kanzel können in verschiedenster Art und Weise hergestellt werden. Manche Materialien dienen lediglich als Verblend- bzw. Sichtschutz. Dafür werden gerne Sichtschutzmatten aus Schilfrohr oder Holz, Tarnnetze, Tarngewebe oder abgeschnittene Äste von Nadelbäumen verwendet. Sichtschutzmatten oder Tarnnetze sind kostengünstig, leicht und rasch montiert. Natürliches Verblendungsmaterial (Äste von Nadelbäumen) hat den Nachteil, dass es nur eine gewisse Zeit einsetzbar ist, weil es sukzessive austrocknet und dabei die Nadeln verliert.

Neben den leichten Wandkonstruktionen gibt es auch stabile Seitenwände, welche zumeist aus Nut-Feder-Brettern, Holzbrettern mit Deckleisten, Schwartenbrettern, Rundholz-Halblingen, Sperrholzplatten oder Siebdruckplatten hergestellt werden. Auf Spanplatten sollte tunlichst verzichtet werden, denn diese sind nicht wasserbeständig, quellen auf und verlieren ihre Festigkeit und Form. Wie bereits im Kapitel „Konstruktiver Holzschutz" erwähnt,

Tarnnetze, Tarngewebe sowie Sichtschutzmatten aus Holz sind leicht, rasch montiert und machen die Bewegungen des Jägers für das Wild nahezu unsichtbar.

sollten Nut-Feder-Bretter vertikal montiert werden, damit Niederschlagswasser gut ablaufen kann. Werden sie jedoch horizontal befestigt, dann mit der Federseite nach unten zeigend, damit sich darin kein Wasser sammeln kann. Stumpf aneinander anstehende Bretter (vertikal) sollten mit schmalen Deckleisten über ihrer Kontaktfläche versehen werden, um auch im Laufe der Zeit dicht zu bleiben (Schwindvorgang).

Sperrholzplatten gelten ebenfalls als stabile Wandtypen. Kanzelwände aus unbehandeltem Holz sollten mit einem Holzschutzmittel versehen werden, um die Lebensdauer zu verlängern. Siebdruckplatten sind sehr witterungsbeständig und stabil. Sie verfügen in der Regel über eine raue und eine glatte Seite. Damit Niederschlagswasser besser ablaufen kann, sollte die glatte Seite nach außen zeigen. Im Sinne des konstruktiven Holzschutzes ist es wichtig, die Kanzelwände über den Kanzelboden nach unten zu führen und sie nicht darauf aufstehen zu lassen, damit kein Wasser über die Bodenbretter ins Kanzelinnere gelangen kann. Der Bau von dichten bzw. geschlossenen Kanzeln ist gegenüber offenen Kanzeln jedenfalls zu präferieren, da sie einerseits beständiger sind, andererseits für Insekten (Hornissen, Wespen usw.) schwerer zugänglich sind und nicht zuletzt besseren Witterungsschutz bieten.

Weitere Möglichkeiten des Sichtschutzes: Netz (links) und Schilfmatte (rechts).

Kanzelwände aus (vertikal angeordneten) Nut-und-Feder-Brettern **1**, *Schwartenbrettern* **2**, *Rundholz-Halblingen* **3** *und Siebdruckplatten* **4**.

KANZELTÜR & KANZELEINSTIEG

Hochstandtüren dichten die geschlossene Kanzel gleich wie Fenster ab und umschließen die Einstiegsöffnung optimalerweise von außen. Türen können auch nach innen zu öffnen sein, wodurch es allerdings beim Betreten der Kanzel etwas eng und umständlich werden kann. Ein Verrutschen des Sitzbretts ist dabei oftmals unumgänglich. Wurde dies bereits vorbeugend beim letzten Abbaumen vergessen, schlägt man gleich einmal mit der Tür ans Sitzbrett und hat sich dadurch schon lautstark bemerkbar gemacht. Nicht gerade optimal für späteren Jagderfolg.

Bei offenen Kanzeln reicht die Tür in der Regel nur bis zur Höhe der Gewehrauflage (105–110 cm). Eine Tür ist jedenfalls gegenüber freien Einstiegen vorzuziehen. Falls jedoch ein freier Einstieg

Links: Negativ! Dieser freie und ungesicherte Kanzeleinstieg ist viel zu klein. Sowohl das Ein- als auch das Aussteigen gestaltet sich nicht nur schwierig, sondern ist auch gefährlich. Die Geländerschutzstange fehlt.
Rechts oben: Befindet sich die Verriegelung bei Direkteinstiegen im unteren Türbereich, kann sie mit ausgestreckter Hand problemlos erreicht werden. Wäre sie in Hüfthöhe montiert, müsste man nach dem Entriegeln erst ein paar Sprossen hinuntersteigen, um die Tür öffnen zu können.
Rechts unten: Positiv! Dieser freie Einstieg ist mit einer zu öffnenden Geländerschutzstange gesichert.

gewählt wird, ist jedenfalls eine Geländerschutzstange im Sinne einer Absturzsicherung empfehlenswert. Diese muss entsprechend stabil sein.

Als Breite der Einstiegsöffnung wähle ich zumeist 60–65 cm. Die lichte Höhe der Einstiegsöffnung (Türhöhe) liegt bei meinen Kanzeln bei 180–185 cm. Dadurch wird ein einfacher und vor allem sicherer Einstieg gewährleistet. Vor allem bei Direkteinstiegen – also ohne Podest – können dadurch prekäre Situationen vermieden werden, da es gefährlich ist, in gebückter Haltung mit voller Ausrüstung von der Leiter in eine viel zu kleine Kanzelöffnung hineinzuschliefen. Bei Direkteinstiegen ist die Verriegelung günstigerweise im unteren Bereich der Kanzeltür platziert, um nicht nach dem Entriegeln erst wieder ein paar Sprossen hinunterklettern zu müssen, um die Tür zu öffnen, ohne sich selbst dabei im Weg zu stehen.

Die optimale Variante für einen angenehmen und sicheren Einstieg ist und bleibt der Einstieg über ein Podest. Von dort aus kann die Verriegelung bei sicherem Stand gelöst und die Tür geöffnet werden, um im Anschluss ohne Abrutsch- und Absturzgefahr sicher in die Kanzel zu gelangen. Bei derartigen Kanzeln mit Podest ist die Verriegelung wiederum in Hüfthöhe (normale Höhe eines Türdrückers) optimal.

Die Einstiegsvariante von unten durch eine klappbare Luke im Kanzelboden kann ich nicht empfehlen, auch wenn sich dabei die Leiter geschützt unterhalb der Kanzel befindet. Nachteilig ist die aufwendige Kletterübung beim Ein- und Aussteigen. Zusätzliches Equipment, wie Büchse, Rucksack und Ansitzsack, können den Überstieg von und auf die Leiter gefährlich machen. Zudem ist in der Regel keine Absturzsicherung vorhanden. Das Auf- und Zuklappen der Einstiegsluke kann außerdem nach einigen Jahren zu einer geräuschintensiven Angelegenheit werden, wenn sich das Holz verzogen hat.

Im Kapitel „Absturzgesichertes Podest" (siehe Seite 125) wurde bereits darauf hingewiesen, dass Hochstände optimalerweise so geplant sind, dass bei geöffneter Kanzeltür der Zugang zur Leiter versperrt ist. Ragt dabei ein Leiterholm weiter über das Podest hinauf, könnte dieser sogar als Öffnungsbegrenzer dienen und ein Überschlagen der Tür verhindern. Öffnungsbegrenzer

Die Verriegelung der Tür ist bei Kanzeln mit Podest optimalerweise auf Hüfthöhe angebracht. So lässt sich die Kanzel angenehm und sicher betreten.

Ideal wäre es, wenn Hochstände so geplant würden, dass bei geöffneter Kanzeltür der Zugang zur Leiter versperrt ist.

Öffnungsbegrenzer verhindern ein Überschlagen der Tür zum Beispiel durch Wind (links: Tür beweglich, rechts: Tür fixiert).

von Kanzeltüren können jedoch auch in Form von Ketten oder Armen mit Gummipuffer realisiert werden.

Bleibt nur noch die Frage offen, wie Kanzeltüren verriegelt werden sollen. Hierbei kommen in der Praxis verschiedenste Verriegelungsarten zum Einsatz. Zu den gängigsten Varianten zählen Schlossriegel, Drehverschlüsse, Sturmhaken und Öse oder Vorreiber. Vereinzelt habe ich auch schon Hochstände mit der Luxusvariante entdeckt, wo ein gewöhnlicher Türdrücker zur Verriegelung eingebaut war. Das kann schon fast als Detailverliebtheit gesehen werden. Türverrieglungen befinden sich nicht nur außen, sondern im Regelfall auch an der Kanzelinnenseite, um die Tür nach dem Betreten der Kanzel auch von innen gegen unbeabsichtigtes Öffnen sichern zu können.

Kanzeltüren werden auf unterschiedlichste Weise verriegelt, etwa mit Vorreiber 1, Drehverschluss 2, Türdrücker 3, Überfalle mit Steckverschluss und Türgriff 4, Schlossriegel 5 sowie Sturmhaken mit Öse 6.

KANZELDACH

Die Ausstattung eines Hochstandes mit einem zugehörigen Dach ist jedenfalls zu empfehlen, auch wenn der bautechnische Aufwand vorerst etwas größer erscheint. Schon beim ersten Regen macht sich das Kanzeldach bezahlt, wenn man darunter Schutz findet und trocken bleibt. Zudem bleibt im Winter der Schnee darauf liegen und umhüllt nicht die gesamte Hochstandkonstruktion. Somit wirkt das Kanzeldach als konstruktiver Holzschutz und erhöht die Lebensdauer des Hochstandes nicht unwesentlich. In unseren Revieren sind viele Varianten von Hochstanddächern zu finden, wobei sie sich im Wesentlichen in ihrer Form und Abdichtungsart unterscheiden.

Dachformen

Grundsätzlich kann bei Kanzeldächern zwischen Pult- und Satteldach gewählt werden. Der Unterschied dieser beiden Typen besteht darin, dass das Pultdach aus einer einzigen geneigten Ebene besteht und das Satteldach einen First besitzt, von welchem der Niederschlag in zwei entgegengesetzte Richtungen abfließen kann. Damit Wasser auch ausreichend gut abfließen kann, liegt die optimale Dachneigung bei 15–20 % (Pultdach). Dies entspricht einem Höhenunterschied von 15–20 cm auf einem Meter Dachlänge. Zum Schutz der gesamten Hochstand-

Links: Beim Pultdach wird die gesamte Dachfläche in eine Richtung geneigt, um Niederschlag abzuleiten. Rechts: Ein Satteldach verfügt über zwei entgegengesetzt geneigte Dachflächen. Ein allseitiger Dachüberstand schützt die gesamte Konstruktion und erhöht deren Lebensdauer.

konstruktion (auch Kanzelbock) ist unabhängig der Dachform ein allseitiger Dachüberstand (zum Beispiel 25 cm) zu empfehlen, um entsprechende Feuchtigkeit, aber auch direkte Sonneneinstrahlung (Blendschutz) möglichst fernzuhalten. Zu gut sollte man es mit dem Dachüberstand aber auch nicht meinen, denn parallel dazu steigt auch die Windangriffsfläche, die zusätzliche (Sog-)Belastungen in die Dachkonstruktion bringt.

Stellt sich noch die Frage nach den Vorzügen der jeweiligen Dachform. Das Pultdach stellt zweifelsohne die einfachere Konstruktion dar, da sie keinen First besitzt, sondern lediglich aus einer einzigen Dachfläche besteht. Es ist zu überlegen, in welche Richtung die Dachfläche den Niederschlag ableiten soll. Dazu gibt es ein paar Ansichten. Ich persönlich bevorzuge, das Dach in die Hauptschießrichtung zu neigen. Einerseits wirkt das eher tiefere Dach als Witterungsschutz (in Hauptschießrichtung), und andererseits ist dafür auf der gegenüberliegenden Seite (zumeist Rückseite) genügend Höhe für die Kanzeltür vorhanden. Bei Niederschlag läuft zwar das Wasser direkt in die Hauptschießrichtung ab, jedoch kann es durch nach oben und außen geklappte Fenster wiederum abgeleitet werden. Außerdem läuft das Regenwasser nicht gezwungenermaßen über das Podest ab. Eine weitere Möglichkeit der Dachneigung wäre, sie unabhängig der Hauptschießrichtung zur Wetterseite hin abfallen zu lassen, um die Kanzel möglichst gut zu schützen. Wird die Kanzel aber einmal umgestellt, kann dabei der ungünstige Fall auftreten, dass gerade die Kanzeltür in die Hauptschießrichtung zeigt.

Beim Satteldach fließt Niederschlagswasser in zwei entgegengesetzte Seiten ab. Vorteilhaft ist diese Dachform vor allem in schneereichen Regionen, da der Schnee auf den steileren Dachflächen (im Vergleich zum Pultdach) besser abrutschen kann. Zudem sind bei gleicher Dachhöhe die beiden Dachflächen doppelt so steil. Bei Satteldächern gibt es konstruktionsbedingt in deren Kanzelmitte (First) die meiste freie Höhe, was auch der Waffenhandhabung mit Schalldämpfern entgegenkommt. Die Firstabdichtung sollte sorgfältig überlegt und ausgeführt werden, sodass sie auch wirklich dicht ist. Eine regelmäßige Kontrolle nach Niederschlagsereignissen an der Dachunterseite ist empfehlenswert.

Zum Schutz der gesamten Hochstandkonstruktion bzw. auch des Kanzelbockes ist unabhängig der Dachform ein allseitiger Dachüberstand (zum Beispiel 25 cm) zu empfehlen, um entsprechende Feuchtigkeit, aber auch direkte Sonneneinstrahlung (Blendschutz) möglichst fernzuhalten.

Dachabdichtungen

Bei der Ausgestaltung des Hochstanddaches ist neben der Dachform auch die jeweilige Abdichtungsart (Dachhaut) aus einer Vielzahl an Möglichkeiten auszuwählen. Zu beachten sind dabei Parameter, wie zum Beispiel UV-Beständigkeit, Verarbeitbarkeit oder Haltbarkeit. Vor allem bei geschlossenen Kanzeln ist es wichtig, dass der Anschluss von Kanzelaußenwand zu Dach entsprechend dicht ausgeführt wird. Die meisten Hochstanddächer sind so aufgebaut, dass zwei Holzstaffeln (Unterkonstruktion), die im jeweiligen Dachgefälle zwischen den Hauptstützen montiert werden, als Dachträger für die Bretterschalung dienen. Auf diese Holzbretter wird im Nachgang die dichtende Dachhaut aufgebracht.

Mit einer Tropfkante rings um das Dach tropft Niederschlagswasser Richtung Erdboden ab und kann damit nicht entlang der Dachunterseite zu den Kanzelwänden gelangen. Diese Tropfkante wird in der Praxis in den meisten Fällen durch ein vertikales Weiterziehen der Abdichtung um einige Zentimeter unter das Dach erreicht. Wird keine eindeutige Tropfkante ausgebildet, kann auch umlaufend auf der Dachunterseite eine Silikonfuge gezogen werden, die ebenfalls ein mechanisches Hindernis darstellt und Niederschlagswasser abtropfen lässt. Auch ein umlaufender Blechkranz oder eine eingefräste Nut auf der Dachunterseite stellen mögliche Formen von Tropfkanten dar.

Zur Befestigung der Dachhaut auf der Bretterschalung können verzinkte Dachpappennägel oder Edelstahlschrauben mit Dichtscheiben verwendet werden. Um ein mögliches Ausreißen bei einzelnen Nägeln oder Schrauben zu verhindern, sind auch befestigte Leisten aus Holz in Gefällerichtung möglich. Dadurch wird die Dachhaut nicht nur punktuell, sondern über eine größere Fläche fixiert. Derartige Holzleisten sind jedoch ebenfalls der Witterung ausgesetzt.

Als Dachhaut können viele Materialien eingesetzt werden. Dabei stellen *beschieferte Bitumenbahnen* (zum Beispiel 5 mm stark, sogenannte „Elefantenhaut“) eine sehr beliebte Variante dar. Die Bahnen können überlappend verlegt werden und decken das Dach somit in kurzer Zeit ein. Die Beschieferung schützt die

Auf eine Tropfkante sollte nicht vergessen werden: Mit einer Tropfkante rings um das Dach tropft Niederschlagswasser Richtung Erdboden ab und kann damit nicht entlang der Dachunterseite zu den Kanzelwänden gelangen.

Beschieferte Bitumenbahnen sind robust und UV-beständig. Werden sie bei der Dachkante umgefalzt und weiter hinuntergezogen, ist eine Tropfkante rasch und einfach ausgebildet.

Bitumendachschindeln werden bahnweise verlegt.

Bitumenbahn vor der UV-Strahlung und wirkt sozusagen wie ein natürlicher Schutzschild. Eine mögliche Ausbildung der Tropfkante könnte durch ein allseitiges Umfalzen (um 90°) der Bitumenbahn und Hinunterziehen um einige Zentimeter unter die Dachunterseite erreicht werden.

Des Weiteren werden in der jagdlichen Praxis auch gerne *Bitumendachschindeln* eingesetzt. Dabei werden Bitumenbahnen Bahn um Bahn verlegt, sodass die Befestigungsstelle stets von der nächsten, darüberliegenden Bahn geschützt ist.

Auch *stabile Teichfolien* oder *Lkw-Planen* finden als Dachhaut beim Kanzelbau Verwendung. Hierbei ist beim Kauf auf die UV- und Kältebeständigkeit zu achten. Eine mögliche Tropfkante wäre ein Blechwinkel, der nach unten zeigend am umlaufenden

Über verschraubte Holzleisten kann ein Aufreißen der Folie bestmöglich verhindert werden.

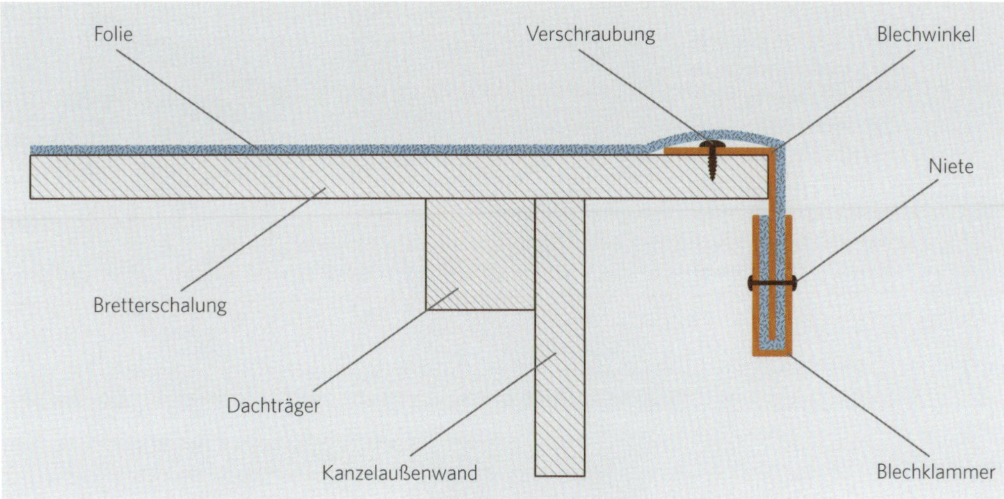

Ausbildung einer Tropfkante aus Blech bei einer Folienabdichtung (oben schematisch, unten praktisch).

Rand der Bretterschalung montiert wird. Danach wird die Folie darüber verlegt, sodass damit der Blechwinkel förmlich eingepackt wird. Eine Blechklammer (in U-Form) umgreift das Paket aus Folie und Blechwinkel von unten und wird in regelmäßigen Abständen vernietet. Die Tropfkante ist einsetzbereit.

Viele Hochstände werden auch von *Blechdächern* geschützt. Blech gilt dabei als sehr robust und widerstandsfähig. Vor allem ist es dicht und wird nicht porös. Blecheindeckungen können entweder als ebene Fläche oder Trapezblech ausgeführt werden. Kommt man mit der Trapezblechbreite für die Breite des Daches nicht aus, kann einfach ein zweites überlappend verlegt werden. Für die dichte Befestigung sind Edelstahlschrauben mit Dichtscheiben zu empfehlen.

Bitumenwellplatten sind stabil, frost- und witterungsbeständig und zudem auch sehr leicht. Ihre Montage benötigt keine darunterliegende Bretterschalung. Die Bitumenwellplatte liegt entsprechend ihrer Wellenform auf einigen Dachträgern auf und wird mit diesen verschraubt. Oftmals wird auch ein beidseits überstehender spiegelgleicher Träger auf der Oberseite des Daches platziert und mit dem darunterliegenden an den äußeren Stellen verschraubt, sodass diese beiden Träger die Bitumenwellplatte einklemmen und damit nicht beschädigen (zum Beispiel beim Durchnageln).

Links: Trapezbleche stellen eine Möglichkeit zur Dachabdichtung von Hochstandkanzeln dar. Rechts: Bitumenwellplatten sind ebenfalls recht gängig. Unten: Blechdächer bestechen durch ihre Robustheit und Dichtigkeit.

KANZELFENSTER

Geschlossene Kanzeln sind zwar bautechnisch aufwendiger, haben aber den Vorteil, dass sie dicht und somit witterungsgeschützt sind. Dadurch wird ihre Lebensdauer erhöht, und Insekten haben keine Chance, sich einzunisten. Um jedoch aus einer geschlossenen Kanzel schießen zu können, braucht es Fenster. Diese sind in unseren Revieren in allen möglichen Varianten zu finden. Es stellt sie wieder einmal die Frage: Gibt es ein perfektes Hochstandfenster? Um diese Frage zu beantworten, sind vorerst die wesentlichen Anforderungen an ein Fenster zu klären: Einerseits soll es möglichst lautlos bedienbar sein, um keine verräterischen Geräusche zu erzeugen, und andererseits soll es die Kanzel auch abdichten. Selbstverständlich spielt auch die Fenstergröße und daraus resultierend auch die Höhe der Gewehrauflage eine maßgebende Rolle, um zuerst angenehm beobachten und anschließend sauber treffen zu können.

Damit Fenster vom Regenwasser, welches an den Außenwänden ablaufen kann, möglichst geschützt sind, sollte darüber eine Tropfleiste (kleines Vordach) ausgebildet werden. Dadurch

Links: Eine Tropfleiste schützt das Fenster vor ablaufendem und hinterlaufendem Regenwasser (oder Schmelzwasser). Rechts oben und unten: Rahmenfenster vs. rahmenloses Fenster.

wird auch ein mögliches Hinterlaufen und Eindringen des Regenwassers ins Kanzelinnere verhindert. Tropfleisten können am einfachsten mit einer Holzleiste etwas oberhalb des Fensters mit ein paar Zentimeter Überstand realisiert werden.

Um den optimalen Fenstertyp auswählen und bauen zu können, sind einige Punkte abzuwägen. Dazu zählen neben dem Material auch die Fenstergröße, Schließmechanismen und Verriegelungsmöglichkeiten. Eines sei jedoch hier schon vorweg erwähnt: Genauso individuell wie wir Jäger, so individuell und unterschiedlich sind auch die Meinungen und Geschmäcker zu möglichen Fensterkonstruktionsvarianten.

Materialien

Für die Erstellung von Hochstandfenstern kommt zumeist Holz (Fensterrahmen oder vollflächige Wetterschutzklappe), Glas oder Acrylglas (Polymethylmethacrylat, sogenanntes „Plexiglas") zum Einsatz. Der Klassiker unter den Fenstern ist das Holzrahmenfenster. Es besteht jedoch auch die Möglichkeit von rahmenlosen Fenstern. Wer kein Glas verbauen möchte, kann auch vollflächige Wetterschutzklappen aus Holz bauen, die jedoch

Geöffnete Wetterschutzklappe aus Holz. Wird sie geschlossen, ist im wahrsten Sinne des Wortes das Licht aus.

während der Jagd geöffnet sein müssen, um entsprechende Sicht zu haben – und das auch bei raueren Verhältnissen (zum Beispiel Wind). Ein Schließen der Wetterschutzklappen aufgrund eines starken Windes oder unangenehmer Niederschläge bedeutet zugleich das Ende der Sicht in dieser Richtung. Wetterschutzklappen umschließen von außen die gesamte Fensteröffnung und sind in der Regel nach oben hin zu öffnen.

Rahmenlose Fenster können sowohl aus Echtglas oder Acrylglas bestehen. Acrylglas hat den großen Vorteil der hohen Bruchsicherheit und leichten Bearbeitbarkeit. Ein Loch für das Scharnier ist rasch und problemlos gebohrt. Echtglas hingegen ist spröde und demnach nicht so bearbeitungsfreundlich.

Fensterdimension

Die Fensterdimension spielt eine wesentliche Rolle beim Bau einer Kanzel. Dabei übernimmt die untere Brüstung zugleich die Funktion der Gewehrauflage. Diese (Parapet-)Höhe (Höhe der Gewehrauflage) muss einfach passen (105–110 cm über Hochstandboden für normal große Personen), um optimalen Schießkomfort zu bieten. Bei steilem Gelände ist die Höhe der Fensterbrüstung, wie bereits erwähnt, entsprechend nach oben oder unten zu korrigieren. Größere Fenster bieten dem Jäger im Gegensatz zu kleineren einen größeren Beobachtungsbereich, ohne dass er sich verrenken muss. Dafür können Bewegungen im Kanzelinneren vom Wild auch leichter wahrgenommen werden. Fensterhöhen von 40–50 cm haben sich in der Praxis bewährt.

Die (Parapet-)Höhe (Höhe der Gewehrauflage) muss einfach passen und beträgt bei normal großen Personen 105–110 cm über Hochstandboden.

Bei größeren Kanzeln können entsprechend breite Fenster schwer und unhandlich werden. Nach außen geklappte Fenster erhalten dabei eine nicht zu unterschätzende Windangriffsfläche. Eine Lösung wäre hierbei, ein breites Fenster in zwei einzelne, separate Fenster zu teilen. Der Vorteil liegt darin, dass einzelne

„Fensterhälften" geschlossen werden können, um etwas witterungsgeschützter zu sein. Bläst der Wind zum Beispiel schräg zum Hochstand, bleiben einfach zwei benachbarte Eckfenster geschlossen, um sich nicht dem unangenehmen Zugwind aussetzen zu müssen. Und: Die Sicht bleibt durch das geschlossene Fenster weiterhin erhalten. Dem steht jedoch der etwas eingeschränkte Aktionsradius bei geteilten Fenstern gegenüber. Es ist mir schon das eine oder andere Mal passiert, dass ich von einem zum anderen Fenster wechseln musste, um einen Schuss anzubringen, weil das ausgewählte Stück Wild über den Aktionsbereich des einen Fensters hinweggezogen ist. Das bedeutet: Gewehr herein, neues Fenster auf (sofern noch nicht offen) und Gewehr wieder hinaus, einrichten und den passenden Moment für den Schuss nutzen. Für so manche jagdliche Chance kann dafür schon einmal die Zeit zu knapp werden, und die Gefahr des Anstoßens (Stichwort: verräterische Geräusche) darf beim Manipulieren der Fenster und Büchse ebenfalls nicht unterschätzt werden.

Schließmechanismen

Für Kanzelfenster gibt es eine Reihe von Schließmechanismen. Sie können nach außen oder nach innen bzw. nach unten oder nach oben geklappt werden. Auch Schiebefenster (nach oben oder zur Seite) habe ich schon gesehen. Die gängigsten beiden Varianten sind jedoch das Klappen nach oben sowohl nach innen als auch nach außen.

Es stehen einige Möglichkeiten an Schließmechanismen zum Klappen oder Schieben von Hochstandfenstern zur Verfügung:
1 nach außen und oben,
2 nach außen und unten,
3 nach innen und oben,
4 nach innen und unten,
5 vertikal nach oben oder unten sowie
6 horizontal nach links oder rechts.

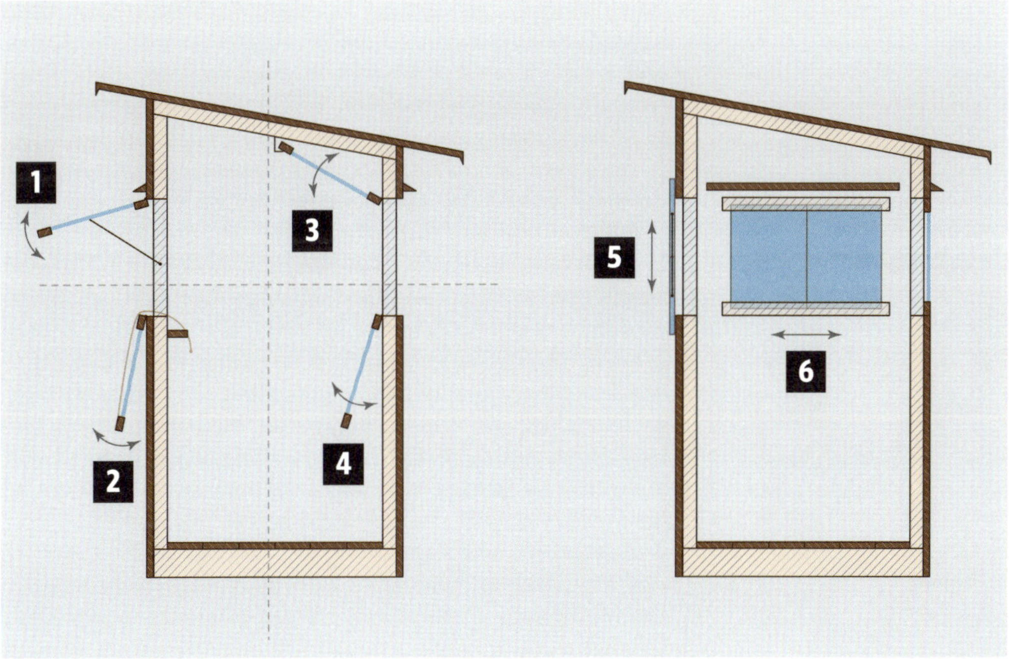

Links: Geteilte Fenster bieten die Möglichkeit, auf unangenehme Witterungseinflüsse (Wind, Niederschlag usw.) flexibel zu reagieren. Nach oben und außen klappbare Fenster wirken im geöffneten Zustand als zusätzlicher Witterungsschutz.
Rechts: Nach oben und innen klappbares, rahmenloses Fenster aus Acrylglas in geschlossenem Zustand.

Werden Fenster nach oben und außen (1) geklappt, kann die Kanzel vor Witterungseinflüssen (vor allem Niederschlag) sehr gut geschützt werden, da das geschlossene Fenster die Fensteröffnung von außen überdeckt. Im geöffneten Zustand wirkt das Fenster wie ein kleines Vordach und hält auch leichten Schrägregen von der Fensteröffnung fern, wodurch dieser kaum ins Kanzelinnere gelangen kann. Arretiert wird das Fenster zum Beispiel mithilfe einer Stütze, einem Seilzug oder einem Gasdruckdämpfer. Diese Schließmechanismen können unabhängig von der Kanzelhöhe auch für etwas höhere Fenster (zum Beispiel 50 cm) gewählt werden, da im Vergleich zu nach innen klappbaren Fenstern kein Platzproblem entstehen kann. Ein weiterer, wesentlicher Vorteil ist, dass derartige Fenstertypen de facto geräuschlos bedient werden können. Bei großen Fenstern und starken Windereignissen ist Vorsicht geboten. Ich persönlich favorisiere diesen Fenstertyp, da für mich die lautlose Bedienbarkeit, Dichtigkeit und einfache Herstellung überzeugen.

Die zweite der beiden gängigsten Varianten sind Fenster, die nach oben und innen (2) geklappt werden können. Derartige Fenster sind von der Kanzelhöhe und -größe abhängig, denn nach oben hin kann bei kleineren Kanzeln schnell ein Platzproblem mit Kollisionsgefahr zum Dach oder zu anderen Fenstern entstehen, was oft mit einer bestimmten Öffnungs- und Schließreihenfolge der einzelnen Fenster einhergeht. Nach oben und innen klappbare Fenster sollten also eher nicht zu hoch sein, um möglichst vertikal und entlang der Kanzelinnenwände fixierbar zu sein. Problematisch wird es, wenn sich Kanzelwände und/oder Fenster aufgrund der natürlichen Feuchtigkeitseinflüsse etwas verziehen und Rahmenfenster nicht mehr geräuschlos geöffnet werden können, weil der Fensterrahmen an der Fensteröffnung reibt. So ist schnell mal eine Chance dahin, vor allem bei bereits ausgetretenem Wild. Im Winter kann es vorkommen, dass sich der ans Fenster angewehte Schnee nach dem Öffnen des Fensters langsam

Nach innen und unten klappbares Fenster.

lockert und ins Kanzelinnere abtropft bzw. abrutscht. Dadurch, dass sich das Fenster im geöffneten Zustand jedoch im Kanzelinneren befindet, stellt es im Vergleich zu den nach außen geklappten Fenstern keine Windangriffsfläche dar. Zur Arretierung der Fenster in der Kanzel werden oftmals Schlaufen, Vorreiber, Seile oder dergleichen mehr verwendet.

Ich habe erst äußerst wenige Hochstände gesehen, die über nach unten klappbare Fenster verfügen. Fenster, die nach innen und unten (3) geklappt werden, können gerade bei kleineren Kanzeln platzproblematisch werden, da man beim Herunterklappen zurückrutschen muss. Zudem muss die flexible Armauflage (loses Brett) vor dem Öffnen des Fensters entfernt werden, um sie danach wieder entsprechend positionieren zu können. Dies kostet nicht unwesentlich viel Zeit und wird zur reinen Nervensache, wenn es einmal schnell und selbstverständlich leise gehen muss. Werden heruntergeklappte Fenster nicht arretiert, kann jede Berührung mit dem Knie ein verräterisches Geräusch zur Folge haben. Bei nach außen und unten klappbaren Fenstern kann selbiges Phänomen durch Wind entstehen, der die Fenster zum unangenehmen Klappern bringt.

Auch Schiebefenster sind technisch möglich, die entweder vertikal oder horizontal verschoben werden. Das Bedienen von Schiebefenstern ist jedoch in der Regel mit einer gewissen Geräuschentwicklung verbunden. Horizontal verschiebbare Fenster benötigen entsprechend mehr Platz, weswegen die lichte Fensterbreite oftmals geringer als bei anderen Fenstertypen ist.

Verriegelungen

Kanzelfenster können auf verschiedenste Art und Weise innen und außen verriegelt werden. Dabei kommen neben Vorreibern und Seilzügen auch Stützen, Schlaufen, Gasdruckdämpfer u. v. m. zum Einsatz. Hier ist der Kreativität keine Grenze gesetzt. Wichtig ist nur, dass Verriegelungen vor allem bei nach außen geklapp-

Dieses rahmenlose Fenster wird nach außen und oben geklappt und per Fensterstütze außen in gewünschter Höhe fixiert. Innen wird es von einem Vorreiber gehalten. Die Spitze der Fensterstütze ist ebenfalls zu sehen.

Links: Vorreiberverriegelung auf der Innenseite eines Rahmenfensters. Rechts: Ein sanftes Tippen auf das Fenster, und schon wird dieses vom Gasdruckdämpfer nahezu geräuschlos geöffnet.

ten Fenstern auch den entsprechenden Windbelastungen standhalten können. Auf leise und leichte Gängigkeit ist in jedem Fall zu achten.

Leidvolle Erfahrung

Ich kann mich noch an einen Sauenansitz erinnern, als ich bei einem Freund zu Gast war. Die Sauen waren zuletzt regelmäßig an der Kirrung gewesen, und so versuchte ich dort mein Glück.

Nach nur kurzem Sitzen höre ich bereits das Knacksen eines Astes und dann ein Grunzen. Sauen! Jetzt nur nicht bewegen und bloß kein Geräusch machen, damit mich die Rotte nicht mitbekommt. Absolut regungslos warte ich, bis die Sauen die Kirrung angenommen haben und vertraut sind. Ich taste in der Dunkelheit nach dem Fenster, drehe den Vorreiber zur Seite und klappe es langsam, Zentimeter für Zentimeter, hoch. Dort oben muss doch irgendwo etwas sein, mit dem ich das Fenster arretieren kann: ein Vorreiber, eine Schnur oder sonst irgendwas. Hektisch taste ich mit den Händen alles ab, den Blick starr auf die Sauen gerichtet. Mein Puls steigt von Sekunde zu Sekunde – die Rotte steht nach wie vor bei der Kirrung. Das geht so lange, bis ich ein lautes Blasen höre und die Bache samt ihren Frischlingen binnen weniger Sekunden den Ort des Geschehens verlässt. Das kann doch nicht wahr sein! Mit der Taschenlampe löse ich danach die Situation auf und finde den Vorreiber, der allerdings nicht an der Wand, sondern auf der Dachunterseite montiert ist, um das Fenster zu fixieren. Ärgerlich und fast schon peinlich, aber zumindest nehme ich dieses Erlebnis als Erfahrung mit und prüfe seither immer sofort nach dem Aufbaumen auf bislang unbekannten Kanzeln die Funktion der Fenster.

Bilder auf Seite 173:
1 und 2: absolut lautlos! Drehbare Fensterhaltestange mit Gummizugverriegelung.
3 Über einen Seilzug (Pfeil) wird das Fenster geöffnet.
4 Mithilfe eines Vorreibers wird das Fenster im geschlossenen Zustand verriegelt.

1

2

3

4

KEIN RISIKO EINGEHEN

EIGENSICHERUNG

Sicherheit muss beim Hochstandbau immer an erster Stelle stehen. Dabei kommt es nicht nur auf die Schaffung einer sicheren Reviereinrichtung an, sondern auch auf die Sicherheit während deren Errichtung. Immerhin sind wir Jäger auf eine gute Ausrüstung bedacht, seien es professionelle Jagdbüchsen, Beobachtungsferngläser oder funktionale Kleidung. Deshalb sollte auch in die persönliche Schutzausrüstung für Revierbauarbeiten adäquat investiert werden. Der Bereich Eigensicherung umfasst jedoch nicht nur das Equipment, sondern auch sämtliche Sicherheitsmaßnahmen, um einerseits das Unfallrisiko auf ein Minimum zu senken und andererseits die Folgewirkungen von Unfällen einzudämmen.

GRUNDREGELN UND VERHALTENSWEISEN

Mit ein paar Grundregeln und Verhaltensweisen kann jeder einen wesentlichen Beitrag zur Eigensicherung leisten, sodass folgenschwere Unfälle möglichst vermieden werden können. Kommt es allerdings zu einem Unfall, heißt es schnell handeln! Das richtige Leisten von Erster Hilfe oder die richtige Alarmierung der Rettungskette kann den Schweregrad der Unfallfolgen wesentlich reduzieren. Mit der Einhaltung folgender Grundregeln ist man im Sinne der Eigensicherung für den Hochstandbau bestens vorbereitet.

» *Arbeiten möglichst vorbereiten, planen und ausreichend Zeit dafür nehmen*
  Zu einer ordentlichen Vorbereitung zählen nicht nur ein Bauplan und eine geplante Baureihenfolge, sondern auch die Berücksichtigung der zur Verfügung stehenden Werkzeuge und die Organisation passender Baumaterialien sowie Verbindungsmittel. Im Rahmen der Planung sollte auch die finale Hochstandhöhe definiert werden. Jeder unnötige Höhenmeter ist einer zu viel. Für Revierarbeiten sollte ausreichend Zeit eingeplant werden – Stress hat hier nichts verloren. Kann die Baustelle dennoch an diesem Tag nicht abgeschlossen werden (zum Beispiel Einbruch der Dunkelheit), ist diese als solche zu kennzeichnen.

Mit ein paar Grundregeln und Verhaltensweisen kann jeder einen wesentlichen Beitrag zur Eigensicherung leisten, sodass folgenschwere Unfälle möglichst vermieden werden können.

Das Tragen einer Persönlichen Schutzausrüstung ist beim Arbeiten mit der Motorsäge unabdingbar. Diese besteht aus Schutzhelm mit Gesichts- und Gehörschutz, Schutzhandschuhen, Schnittschutzhose und festem Schuhwerk (möglichst mit griffiger Sohle, Stahlkappe und Schnittschutz).

» *Arbeiten möglichst am Boden durchführen*
Jede Arbeit, die am Boden durchgeführt werden kann, vermeidet unnötige Absturzgefahr. So ist es beispielsweise empfehlenswert, Leitern am Boden zu errichten. Das Arbeiten am Boden bietet darüber hinaus beste Voraussetzungen, um Bauteile auf ebener Fläche perfekt in Position zu bringen und diese im Anschluss zu befestigen.

» *Arbeiten mit mehreren Personen durchführen*
Bei der Errichtung eines Hochstandes werden auch große und somit schwere Bauteile verbaut, weshalb allein schon deswegen mehrere Personen benötigt werden. Doch auch zur Alarmierung der Rettungskräfte oder zum Leisten von Erster Hilfe nach einem Unfall braucht es zumindest eine weitere Person. Revierarbeiten ohne Hilfe sind tunlichst zu vermeiden. Werden dennoch kleinere (ungefährlichere) Tätigkeiten alleine durchgeführt, ist es sinnvoll, eine Kontaktperson davon in Kenntnis zu setzen (Örtlichkeit, Zufahrtsmöglichkeit usw.) und in Intervallen zu benachrichtigen (Mobiltelefon).

» *Alarmierung der Rettungskette vorab besprechen*
Bevor mit den Bauarbeiten begonnen wird, sollte die Alarmierung der Rettungskette unter allen Beteiligten mit Notrufnummer und Beschreibung der Örtlichkeit sowie Zufahrtsmöglichkeit besprochen werden. Mehrere Mobiltelefone sollten dafür bereitliegen.

» *Verbandskasten vor Ort dabei*
Für die Erstversorgung von Verletzungen sollte unbedingt ein Verbandskasten (zumindest die Autoapotheke) griffbereit sein. Dabei ist es essenziell, mit den Grundlagen der Ersten Hilfe vertraut zu sein. Es kann keinesfalls schaden, einen Erste-Hilfe-Kurs zu besuchen und die vorhandenen Kenntnisse aufzufrischen.

» *Nur ordnungsgemäßes Werkzeug benutzen*
Für den Hochstandbau darf nur sicheres und funktionstüchtiges Werkzeug verwendet werden (zum Beispiel Kettenbremse bei Motorsäge). Der Umgang mit den Werkzeugen muss ebenso vertraut sein wie Erhaltung derselben (Reinigen, Ölen, Schleifen usw.).

» *Verzicht auf Alkohol während der Errichtung*
Alkoholkonsum senkt unter anderem die Reaktions- und Konzentrationsfähigkeit herab und hat beim Hochstandbau nichts verloren.

OREGON

Absturzgefährdete Arbeiten sollten stets mit Seilsicherung und Auffanggurt durchgeführt werden.

» *Witterungsbedingungen beachten*
Nicht immer wird bei besten Bedingungen (warm, trocken, in Werkstatt mit ebenem Untergrund) gebaut. Faktoren, wie Frost bzw. Eis, nasskaltes Wetter, tiefer Boden usw. sollten stets berücksichtigt werden.

» *Persönliche Schutzausrüstung tragen*
Die Persönliche Schutzausrüstung ist ein (lebens-)wichtiger Faktor im Rahmen der Eigensicherung und setzt sich etwa bei der Motorsägenarbeit aus Schutzhelm (in Kombination mit Gesichts- und Gehörschutz), Arbeitshandschuhen, Sicherheitsschuhen und Schnittschutzbekleidung zusammen.

Bei Arbeiten an ungesicherten und somit absturzgefährdeten Stellen, zum Beispiel bei der Montage des Podestgeländers oder bei der Fixierung der Kanzel auf dem Kanzelbock, sorgt eine Seilsicherung mit Auffanggurt für Sicherheit. Sollte tatsächlich ein Absturz passieren, kann man sich selbst mit dem Abseilgerät abseilen. Ein Schlappseil zum Fixierungspunkt ist selbstredend zu vermeiden, um den freien Fall möglichst gering zu halten.

EINSTURZSICHERUNG BEI ERDARBEITEN

Es gibt Situationen im Jagdalltag bzw. Jagdbetrieb - beispielsweise bei Baujagden -, in denen das Ausheben von Gräben oder Künetten notwendig wird. Manchmal verlaufen die Röhren des unterirdischen Baues nicht weit unter dem Terrain und sind nach wenigen Schaufelstichen freigelegt. Allerdings kann das Röhrensystem auch in beträchtliche Tiefen führen, was für die Erdarbeiten ein nicht zu unterschätzendes Gefährdungspotenzial bedeutet. Zudem stellt die nicht abschätzbare Unterminierung durch weitere Röhren eine zusätzliche Einsturzgefahr dar. Einstürzende Erdmassen können aufgrund ihres enormen Gewichts von 1,4-2 Tonnen je Kubikmeter verschüttete Personen schwer oder tödlich verletzen. Das bedeutet, dass nur 1 m^3 Erdreich dem Gewicht eines durchschnittlichen Pkws entspricht.

Liegt eine gute Bodenbeschaffenheit vor, darf die Grube ohne Absicherung (zum Beispiel Böschung) max. 1,25 m tief sein.

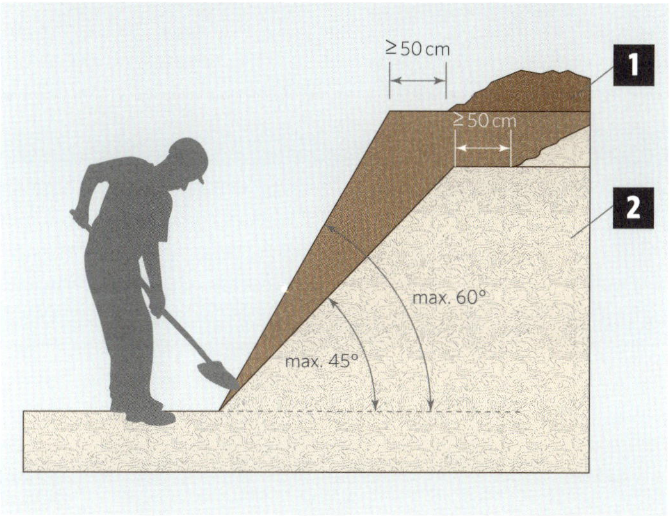

Böschungswinkel in Abhängigkeit zur Bodenbeschaffenheit:

- **1** *Steifer oder halbfester Boden, wie Lehm, Mergel oder fester Ton.*
- **2** *Nicht bindiger oder weicher bindiger Boden, wie Sande, Kiese oder Mutterboden.*

Wenn es um die Sicherheit geht, lohnt sich jedenfalls ein Blick in die Bauarbeiterschutzverordnung, welche Sicherheitsaspekte in Bezug auf Erdarbeiten beinhaltet. Hierin werden unter anderem Themen, wie Böschungsneigung, Grabenverbau oder Grabenbreite und -tiefe, behandelt, welche gute Anhaltspunkte bieten und nachfolgend näher erläutert werden. Erdarbeiten sind stets auf die Beschaffenheit des Untergrundes abzustimmen. Liegt ein ausreichend standfester Untergrund vor, können Künetten (Gräben mit senkrechten Wänden) mit einer Tiefe von bis zu 1,25 m ohne Verbau- bzw. Einsturzmaßnahmen ausgehoben werden.

Führen allerdings Röhren eines Fuchs- oder Dachsbaus in größere Tiefen und werden dadurch Grabungsarbeiten von mehr als 1,25 m erforderlich, sind Maßnahmen zur Personensicherung durch Böschen oder fachgerechtes Verbauen der Erdwände (Pölzen) unabdingbar. Beim Böschen der Grabenwände mit Spaten

Achtung, Einsturzgefahr! Derartige Situationen sind höchst lebensgefährlich, denn auf eine Einsturzsicherung wurde im Eifer des Gefechts vergessen. Auch in der Hektik der jagdlichen Rettungsaktion muss die Sicherheit an oberster Stelle stehen.

oder Schaufel ist auf die Böschungsneigung sowie auf die Untergrundverhältnisse zu achten. In nicht bindigen oder weichen bindigen Böden (Sande, Kiese, Mutterboden) soll ein maximaler Böschungswinkel von 45° nicht überschritten werden. Bei steifen oder halbfesten bindigen Böden (Lehm, Mergel, fester Ton) beträgt die Böschungsneigung maximal 60°, um einen Erdrutsch zu verhindern. Diese Maximalböschungsneigungen sind aus Sicherheitsgründen weiter zu reduzieren und somit noch flacher auszuführen, wenn die Bodengegebenheiten durch Regen, Austrocknung, Frost, Auflasten, Erschütterungen oder weiteren Einwirkungen geschwächt sind. Bei unterschiedlichen Bodenarten (Schichtung) ist die gesamte Böschungsneigung auf die Bodenschicht mit der geringsten Standfestigkeit auszulegen. Wird ein Schutzstreifen mit einer Breite von 50 cm am Graben- bzw. Böschungsrand für Aushub, Personen oder anderes Material freigehalten, so wird die Böschungskante nicht belastet und nicht zum Abrutschen gebracht.

Werden Grabungsarbeiten über eine Tiefe von 1,25 m hinaus fortgeführt, kann anstatt einer Böschung auch ein Verbau als Einsturzsicherung ausgeführt werden, welcher fortlaufend mit dem Aushub mitgezogen werden muss. Für die lotrecht gepölzte Stützwand werden waagrechte oder senkrechte Pfosten, Dielen, Platten oder Ähnliches verwendet, welche lückenlos und dicht am Erdreich anliegen und ausreichend ausgesteift werden. Die zu verwendenden Pfosten sind mindestens 5 cm stark, um den Beanspruchungen des Erddrucks standhalten zu können. Sicherheitshalber ist auf einen Überstand des Verbaus von einigen Zentimetern über das Terrain zu achten.

Bei senkrechten Stützwänden ist in Abhängigkeit der Grabentiefe unbedingt auf eine ausreichende Breite des Arbeitsraumes zu achten. Die Mindestgrabenbreite beträgt 60 cm bei einer Tiefe von 1,25 m und ist mit zunehmender Grabentiefe dementsprechend zu vergrößern (≥ 0,70 m bis zu einer Grabentiefe von 4 m).

Ob eine Künette für den Bau eines Kanals oder zur Rettung eines Jagdhundes gegraben wird, macht in der Gefährlichkeit des abrutschenden Erdmaterials und der damit verbundenen Lebensgefahr keinen Unterschied. Dies darf in der Dynamik oder Hektik einer solchen jagdlichen Bauhunde-Rettungsaktion niemals vergessen werden! Deshalb sind Spaten, Schaufel, Haue & Co bereits bei der Vorbereitung der Baujagd einzuplanen, um sie nicht erst im Eifer des Gefechts organisieren zu müssen. Des Weiteren ist ein „Eintauchen" in freigelegte Röhren mit dem Kopf voran strikt verboten.

!

Ob eine Künette für den Bau eines Kanals oder zur Rettung eines Jagdhundes gegraben wird, macht in der Gefährlichkeit des abrutschenden Erdmaterials und der damit verbundenen Lebensgefahr keinen Unterschied. Dies darf in der Dynamik oder Hektik einer solchen jagdlichen Rettungsaktion niemals vergessen werden!

CHECKLISTE

» Bei einer Baujagd ist mit Grabungsarbeiten zu rechnen, weshalb passendes Werkzeug (zum Beispiel Spaten, Haue, Krampen, Schaufel, Winkelmesser, Maßband usw.) bereits bei der Jagdvorbereitung eingeplant und dann im Revier einsatzbereit vorhanden sein sollte.

» Entsprechende Vorsicht bei Grabungsarbeiten an den Tag legen. Erdreich verfügt über ein enormes Gewicht von 1,4–2 Tonnen je m^3 und kann verschüttete Personen schwer oder tödlich verletzen.

» Liegt ein ausreichend standfester Untergrund vor, können Gräben mit senkrechten Wänden bis zu einer Tiefe von 1,25 m ohne Verbau- bzw. Einsturzmaßnahmen ausgehoben werden.

» Sind Grabungsarbeiten über 1,25 m Tiefe erforderlich, sind Maßnahmen zur Personensicherung durch Böschen oder fachgerechtes Verbauen der Erdwände unabdingbar.

» Böschungswinkel bei nicht bindigen oder weichen bindigen Böden (Sande, Kiese, Mutterboden) sollten bei maximal 45° liegen und bei steifen oder halbfesten bindigen Böden (Lehm, Mergel, fester Ton) 60° nicht überschreiten, um einen Erdrutsch zu verhindern. Die Böschungskante freihalten, damit sie nicht zum Abrutschen gebracht wird.

» Während der Grabungsarbeiten Vorsicht walten lassen und auf die eigene Sicherheit bedacht sein (kein Eintauchen in die Röhre mit dem Kopf voran).

DRUM PRÜFE …

SICHERHEITSÜBERPRÜFUNG

Reviereinrichtungen werden im Laufe des Jagdjahres durch natürliche Einwirkungen auf eine harte Probe gestellt. Wind, Regen, Hitze oder Schnee können an Hochstandkonstruktionen Schäden hervorrufen. Desolate Hochstände stellen ein Gefahrenpotenzial dar und trüben zudem das Erscheinungsbild der Jagd in der Öffentlichkeit. Damit diese weiterhin sicher benutzt werden können, ist regelmäßig - zumindest einmal jährlich - eine Sicherheitskontrolle durchzuführen. Nach jedem Starkwetterereignis - wie zum Beispiel nach einem heftigen Sturm - ist ebenso eine Kontrolle empfehlenswert. Diese notwendige Überprüfung sollte nicht nur bei Hochständen, sondern auch bei allen anderen jagdlichen Einrichtungen, wie Jagdhütten, Jagdsteigen mit Geländern, Futterkrippen oder sonstigen Reviereinrichtungen, durchgeführt werden.

Eines jedoch vorweg: Nur weil ein Hochstand letztes Jahr noch sicher und zweckdienlich war, heißt das noch lange nicht, dass dies automatisch ein Jahr später immer noch so ist. Des Weiteren ist es auch damit nicht getan, einmal einen Hochstand aus sehr starken Bauteilen zu errichten und ihn dann der Witterung zu überlassen. Wir kaufen ja auch kein neues Auto und verzichten dann auf das regelmäßige Service; außerdem müssen wir in periodischen Abständen das „Pickerl" machen lassen. Ebenso ist es auch mit unseren Reviereinrichtungen. Deshalb heißt die Devise: Prüfen, prüfen und noch einmal prüfen!

Wie kann nun eine Sicherheitsüberprüfung von Hochständen ablaufen? Welche Bauteile sind besonders unter die Lupe zu nehmen? Wo liegen in der Regel die häufigsten Schäden? Wie ist mit erkannten Mängeln umzugehen? Was ist mit Reviereinrichtungen zu tun, die einfach nicht mehr zu retten sind („Revierleichen")? Diese Fragen verdeutlichen, dass nicht nur beim Bau, sondern auch bei der Sicherheitsüberprüfung von Hochständen äußerst verantwortungsvoll und sorgfältig umzugehen ist, um Unfälle von vornherein zu vermeiden.

PRÜFMETHODEN

Im Rahmen der regelmäßigen Sicherheitsüberprüfung können verschiedene Prüfmethoden angewandt werden. Bei der „optischen Kontrolle" werden alle Bauteile auf Risse, Luftspalte und Verwitterungserscheinungen untersucht. Risse sind vor allem dann gefährlich, wenn sie direkt zu Nägeln oder Holzschrauben führen, denn dann sind diese Verbindungen oftmals nicht mehr kraftschlüssig. Verwitterung (Holzfäulnis) reduziert den gesun-

!

Nur weil ein Hochstand letztes Jahr noch sicher und zweckdienlich war, heißt das noch lange nicht, dass dies automatisch ein Jahr später immer noch so ist.

Links: Achtung, Risse! Dadurch dringt sehr leicht Feuchtigkeit in den Holzquerschnitt ein und beschleunigt die Holzfäulnis. Zudem müssen herausragende Nägel nachgenagelt werden.
Rechts: Mit der Rüttelprobe ist die Konstruktion mit angemessener Kraftanstrengung auf ihre Stabilität zu prüfen.

den Holzquerschnitt und verringert damit dessen Tragfähigkeit. Des Weiteren ist bei der optischen Kontrolle darauf zu achten, dass die Bauteile satt aufeinander aufliegen, damit eine ordentliche Kraftübertragung gewährleistet ist. Werden die soeben beschriebenen Szenarien bei der Sicherheitsüberprüfung erkannt, sind derartige Bauteile anhand der nachführend erläuterten „Rüttelprobe" näher zu untersuchen und gegebenenfalls auszutauschen. Herausragende Nägel und Holzschrauben, die aufgrund der Holztrocknung nicht mehr bündig mit der Oberfläche sind, sollten nachgenagelt bzw. nachgeschraubt werden, um die entsprechende Stabilität erneut sicherzustellen.

Mithilfe der Rüttelprobe wird die Standfestigkeit bzw. die Stabilität untersucht. Dabei ist am Hochstand oder einem Teil davon (etwa der Leiter) mit angemessener Kraft zu rütteln. Unter „angemessen" kann hierbei die erwartbare Belastung auf diesen Bauteil verstanden werden. Kann aufgrunddessen eine instabile Konstruktion diagnostiziert werden, ist diese zu reparieren. Wackelt ein Kanzelbock, deutet dies oftmals auf ein nachgebendes Fundament oder ein Bauteilversagen hin. Eine sichere Benutzung von Hochständen kann jedenfalls nur bei entsprechender Konstruktionsstabilität gewährleistet werden!

Anhand der sogenannten „Messerprobe" werden die Bauteile hinsichtlich ihrer Materialfestigkeit geprüft, um eventuell „versteckte" Holzfäulnis im Holzinneren festzustellen. Dabei wird die Spitze einer Messerklinge in das Holz eingedrückt. Ist der Einpresswiderstand gering, deutet dies auf eine ungenügende Materialfestigkeit hin, und der Bauteil sollte aufgrund von Fäulnisverdacht sicherheitshalber ausgetauscht oder entsprechend verstärkt werden. Auch Schlitzschraubenzieher können dafür verwendet werden, wobei diese ins Holz eingedrückt und anschließend umgedreht werden. Gelingt das, besteht Verdacht auf versteckte Holzfäulnis. Die Messerprobe ist jedenfalls bei lastabtragenden Bauteilen (zum Beispiel Hauptstützen, Leitersprossen oder Leiterholmen) und bei Bauteilen mit Kontakt zum Erdreich durchzuführen. Abschließend ist auch eine „Funktionskontrolle" empfehlenswert, bei welcher die Dichtheit des Daches sowie die Gängigkeit von Fenstern und Tür geprüft werden.

Der ausgefüllte und archivierte „Leitfaden zur Sicherheitsüberprüfung von Hochständen" stellt letztlich einen Dokumentationsnachweis dar.

LEITFADEN ZUR SICHERHEITSÜBERPRÜFUNG

Zur Durchführung der zumindest jährlichen Sicherheitsüberprüfung habe ich eine mögliche Schritt-für-Schritt-Anleitung entwickelt. Dabei werden die Bauteile unter die Lupe genommen und entsprechend bewertet. Mängel sowie deren Behebung werden dokumentiert. Damit stellt der ausgefüllte und archivierte Leitfaden einen Dokumentationsnachweis dar, denn auch hier gilt das altbekannte Sprichwort „Wer schreibt, der bleibt". Werden sicherheitsrelevante Mängel erkannt, sind diese sofort zu beheben. Kann eine Reparatur nicht sofort durchgeführt werden, ist die Reviereinrichtung jedenfalls zu sperren, beispielsweise mit einem Absperrband. Der hier beschriebene Leitfaden zur Sicherheitsüberprüfung von Hochständen ist auf der WEIDWERK-Website verfügbar (www.weidwerk.at/download).

Mittels Messerprobe kann Holzfäulnis im Holzinneren erkannt werden (alternativ kann dafür auch ein Schraubenzieher verwendet werden).

ÖSTERREICHS
WEIDWERK

LEITFADEN ZUR SICHERHEITSÜBERPRÜFUNG VON HOCHSTÄNDEN

HOCHSTANDANGABEN

▶ Bezeichung/Ort des Hochstandes: ____________________

▶ Art des Hochstandes:

☐ Kanzel-bock

☐ Riegeljagd-hochstand

☐ Ansitzleiter/ Baumsitz

PRÜFMETHODEN

▶ optische Kontrolle:	Überprüfung auf Risse, Luftspalte, Verwitterungen usw.
▶ Rüttelprobe:	Überprüfung der Standfestigkeit/Stabilitätskontrolle
▶ Messerprobe:	Überprüfung der Festigkeit/Fäulniskontrolle
▶ Funktionskontrolle:	Überprüfung auf Dichtheit und Gängigkeit

PRÜFUNGSUMFANG

▶ Prüfung des Bauteils positiv: ☑

▶ Mangel bei Bauteilprüfung erkannt: ☒

Zu prüfende Teile:

FUNDAMENTE & SICHERUNGEN

1. Fundamente ☐
2. Erdanker ☐
3. Schrägstützen/Zugseile ☐

KANZELBOCK

4. Hauptstützen ☐
5. Querriegel (unten und oben) ☐
6. Diagonalverstrebungen ☐

LEITER

7. Leiterholme ☐
8. Leitersprossen ☐
9. Handlauf ☐
10. obere & untere Befestigung ☐

PODEST

11. Podestfläche ☐
12. Absturzsicherung ☐

KANZEL

13. Dach ☐
14. Außenwände ☐
15. Boden ☐
16. Tür ☐
17. Fenster ☐
18. Sitzbrett ☐
19. Gewehrauflage ☐
20. Kanzelreinigung ☐
21. Freischnitt von Bewuchs ☐

MÄNGELLISTE

NR.	MANGELBESCHREIBUNG UND NOTWENDIGE MANGELBEHEBUNG

Version 1.0 – entwickelt von D. Steinhauser

PRÜFUNG DURCHGEFÜHRT

▶ Datum der Prüfung: ____________________

▶ Name: ____________________

▶ Unterschrift: ____________________

MANGEL BEHOBEN

▶ Datum der Behebung: ____________________

▶ Name: ____________________

▶ Unterschrift: ____________________

Aufbau

Der Sicherheitsleitfaden ist so aufgebaut, dass im oberen Bereich die Bezeichnung (zum Beispiel Name oder Ort) sowie die Art des Hochstandes (Hochstandtyp) eingetragen wird. Des Weiteren werden die vier Prüfmethoden kurz erläutert. Daran anschließend sind alle zu prüfenden Teile einer Hochstandkonstruktion aufgezählt und in die Kapitel „Fundamente und Sicherungen", „Kanzelbock", „Leiter", „Podest" und „Kanzel" unterteilt. Sinnvollerweise geht man bei der Überprüfung von unten nach oben vor. Jeder Bauteil wird entsprechend überprüft und am Leitfaden bewertet. Erkannte Mängel werden direkt vermerkt und in die Mängelliste samt Beschreibung und Behebungsmaßnahme aufgenommen. Der letzte (unterste) Teil des Leitfadens widmet sich einerseits den Angaben zu Datum und prüfender Person und andererseits auch der Dokumentation der Mangelbehebung (Datum und Person).

Weil es um die Sicherheit bei der Benutzung von Hochständen geht, gibt es nur eine Devise: Prüfen, prüfen und noch einmal prüfen. Eine ideale Unterstützung ist der „Leitfaden zur Sicherheitsüberprüfung von Hochständen".

Linke Seite: Der „Leitfaden zur Sicherheitsüberprüfung von Hochständen" kann auf weidwerk.at/download kostenlos heruntergeladen werden.

Links: Mängel an sicherheitsrelevanten Teilen sind sofort zu beheben. Ist dies nicht möglich, ist dieser Hochstand für die weitere Nutzung zu sperren. Rechts: Deslolat! Diese „Revierleiche" ist wirklich nicht mehr zu retten und deshalb sofort zu entsorgen.

Umgang mit erkannten Mängeln
Konnten während der Sicherheitsüberprüfung Mängel identifiziert werden, sind diese mit einem „X" auf dem Leitfaden zu markieren und in der Mängelliste samt der notwendigen Mängelbehebung kurz zu beschreiben. Mängel an tragenden oder sicherheitsrelevanten Komponenten sind sofort zu beheben. Können diese nicht unmittelbar repariert werden, ist die Reviereinrichtung mithilfe einer unmissverständlichen Vorrichtung (zum Beispiel ein rot-weißes Absperrband) zu kennzeichnen. Werden Hochstandkonstruktionen nicht mehr benutzt, ist ihre Lebensdauer überschritten oder eine Revitalisierung nicht mehr sinnvoll, sollten diese unverzüglich abgetragen werden.

Desolate Reviereinrichtungen können eine nicht zu unterschätzende Gefährdung für Jäger und jagdfremde Personen - auch wenn diese die Reviereinrichtungen per Gesetz nicht betreten dürfen - darstellen. Deshalb ist jeder identifizierte Mangel umgehend zu beheben, um nicht im Falle eines Unfalls mit unangenehmen Folgen konfrontiert zu sein.

TOP TEN DER HÄUFIGSTEN SCHÄDEN

Für die Sicherheitsüberprüfung von Hochständen haben sich meiner Erfahrung nach zehn neuralgische Punkte herauskristallisiert, auf die besonderes Augenmerk zu legen ist. Selbstverständlich gibt es darüber hinaus auch weitere mögliche Schadenspunkte, die ebenfalls von Bedeutung sein können.

- **1** *Fundamente.* Mithilfe der Rüttelprobe kann die Stabilität der Gesamtkonstruktion überprüft werden. Kann der Hochstand bewegt werden und ist er etwas locker, deutet dies oftmals auf ein Nachgeben eines Fundaments hin. Die Stabilität ist jedenfalls wiederherzustellen.
- **2** *Aufstandsflächen der Hauptstützen, Schrägstützen und Leiterholme.* Besonders gefährlich wird es, wenn Hauptstützen, Schrägstützen oder Leiterholme (aus Holz) direkt am Erdboden aufstehen und permanent von unten mit Feuchtigkeit versorgt werden. Dabei faulen die Fußbereiche der Hauptstützen kontinuierlich ab und können unter entsprechender Belastung abscheren. Deshalb sollten alle bis zum Erdboden reichenden Bauteile auf einem Fundament (flacher Stein, Betonplatte oder dergleichen) stehen. Nur so kann die Materialfestigkeit über viele Jahre erhalten bleiben. Vermooste Bereiche sind zu reinigen bzw. ist das Moos zu entfernen, um keine Feuchtigkeit zu binden. Ebenso ist ein Abschneiden des Bewuchses rund um alle Aufstandspunkte zu empfehlen, da sich dort in den Morgen- und Abendstunden sowie nach Regenschauern Nässe gut hält und damit intensiver auf die Konstruktion einwirkt.

Links: Diese Leiter steht satt auf ihrem Fundament. Rechts: Achtung, morscher Leiterholm. Aufstandspunkte (zum Beispiel Hauptstützen, Leiterholme oder Schrägstützen) sind möglichst frei von Feuchtigkeit zu halten. Moos ist zu entfernen, um ein rasches Austrocknen nach Niederschlägen zu ermöglichen.

Links oben: Zugseile müssen gespannt sein, um Windbelastungen sicher ins Erdreich ableiten zu können.
Rechts: Dieser Montagepunkt von Leiter zu Kanzel ist alles andere als sicher und muss unbedingt nachgebessert werden.
Links unten: Kein Fundament! Dieser Leiterholm wird kontinuierlich vom Erdreich mit Feuchtigkeit versorgt und verliert dadurch zunehmend an Materialfestigkeit.

3 *Windsicherungen.* Aufgrund der oftmals unterschätzten Windbelastungen ist die Funktionstauglichkeit der Windsicherungen mit den vorgestellten Prüfmethoden zu untersuchen. Erdanker sollen dabei fest im Erdreich verankert und auch ohne Spiel mit dem Hochstand verbunden sein. Schrägstützen in Form von Stangen sind durch Rütteln auf deren funktionsgerechte Lastableitungstauglichkeit zu prüfen. Zugseile müssen gespannt sein und dürfen nicht durchhängen.

4 *Montagepunkte der Leiter.* Nicht nur die Gesamtkonstruktion, sondern auch die Leiter ist mittels der Rüttelprobe auf ihre Stabilität zu prüfen, um die erforderliche Sicherheit beim Besteigen zu gewährleisten. Besonders wichtig ist, dass die Leiter oben am Podest bzw. an der Kanzel (bei Direkteinstieg) beständig montiert ist und nicht verrutschen kann. Auch Leitern benötigen ein Fundament, um nicht direkt auf dem feuchten Erdreich zu stehen. Der untere Leiteraufstandspunkt ist dahingehend zu prüfen, ob er satt auf dem Fundament aufsitzt.

5 *Leitersprossen und -holme.* Im Winter bleibt Schnee nicht nur an den Stirnflächen der Leiterholme, sondern auch direkt auf den Leitersprossen liegen. Dabei dringt Feuchtigkeit über Risse ins Material ein, und Frost-Tau-Wechsel stellen eine zusätzliche Materialbelastung dar. Deshalb sind alle Bauteile der Leiter, wie Holme, Sprossen und Sprossensicherung, mittels Rüttelprobe, Messerprobe und optischer Kontrolle auf deren Materialbeschaffenheit zu überprüfen.

6 *Geländer & Handlauf.* Sowohl der Handlauf entlang der Leiter als auch die Absturzsicherung des Podests in Form von Brust-, Mittel- und Fußwehr kann mit einer Rüttelprobe auf ihre Stabilität überprüft werden. Es ist jene zweckmäßige Kraft anzuwenden, die auch bei einem Gleichgewichtsverlust entstehen würde. Eine Messerprobe gibt Aufschluss über die Materialfestigkeit. In diesem Zuge ist zugleich der Podestbelag genauer unter die Lupe zu nehmen.

7 *Hochstandboden.* Zuerst von unten und anschließend auch direkt vom Kanzelinneren aus, ist der Zustand des Kanzelbodens zu beurteilen, um ein folgenschweres Durchbrechen zu vermeiden. Ist ein loser Teppich am Kanzelboden verlegt, lohnt sich der Blick darunter allemal. Verfügt der Hochstand über ein intaktes Dach, ist der Kanzelboden ohnehin vor Feuchtigkeit geschützt und das Risiko des Durchmorschens eher gering. Dennoch ist ein derartiger Check unerlässlich.

Links: Desolate Leitern sind oftmals Ursache für schwere Unfälle.
Rechts: Achtung, Durchbruchgefahr! Dieser Kanzelboden ist morsch und darf nicht mehr betreten werden.

Von außen nur kaum erkennbar, aber mithilfe der Messerprobe konnte der morsche Materialzustand im Bauteilinneren aufgedeckt werden.

Bei dieser Gelegenheit kann auch gleich eine Funktionskontrolle von Tür und Fenstern erfolgen, sodass diese nicht nur dicht schließen, sondern auch leichtgängig und leise bedienbar sind.

8 *Kanzeldach*. Verfügt ein Hochstand über ein Dach, sollte dieses an der Dachunterseite auf Wasserflecken bzw. Feuchtigkeitsschäden überprüft werden, um die Ursache eines sukzessives Abfaulens zu eruieren und den Mangel zu beseitigen.

9 *Materialzustand*. Der Faktor des Materialzustandes spielt eine wesentliche Rolle, denn nur gesundes Holz kann Belastungen standhalten. Messerproben geben dabei Aufschluss auf die Materialfestigkeit. Identifizierte morsche Bauteile sind auszutauschen und - falls nicht anders möglich - mit ausreichend starken Teilen zu ergänzen.

10 *Verbindungsstellen*. Damit Reviereinrichtungen alle Belastungen bis in ihre Fundamente ableiten können, sind kraftschlüssige Verbindungsstellen (zum Beispiel mit Nägeln, Schrauben, Passbolzen oder Gewindestangen) notwendig. Dafür müssen die Bauteile ohne Luftspalt satt aufeinander aufliegen. Rüttelproben geben Hinweise auf die Stabilität. Ein besonderes Augenmerk ist darauf zu legen, dass von Nägeln, Schrauben & Co keine wesentlichen Risse zu den Holzenden verlaufen, die damit die Stabilität negativ beeinflussen. Trocknet Holz, verkleinert sich der Querschnitt oftmals nicht unwesentlich (Schwindvorgang). Stehen dabei

Links: Diese Verbindungsstelle (Hauptstütze zu Diagonalverstrebung) ist nicht mehr kraftschlüssig. Rechts: Die Holzfäulnis ist schon so weit vorangeschritten, dass ein Betreten dieses Hochstandes mit akuter Durchbruchsgefahr verbunden ist.

Nägel- oder Schraubenköpfe heraus, sind diese nachzunageln oder nachzuschrauben. Bei Gewindestangen oder Passbolzen sind die Muttern nachzuziehen.

Eine Kanzelreinigung sowie das Abschneiden von Bewuchs für eine freie Aussicht runden den alljährlichen Hochstandcheck ab.

CHECKLISTE

- Sicherheitsüberprüfung mindestens 1-mal jährlich durchführen.
- Nach Starkwetterereignissen ist eine zusätzliche Kontrolle empfehlenswert.
- Sorgfältig prüfen, denn Unfälle können oftmals schwerwiegende Folgen haben.
- Leitfaden zur Sicherheitsüberprüfung aller Bauteile von Hochständen ausfüllen und als Dokumentation nutzen.
- Prüfmethoden beim Hochstandcheck anwenden (optische Kontrolle, Rüttelprobe, Messerprobe und Funktionskontrolle).
- Identifizierte Mängel an sicherheitsrelevanten Komponenten sind sofort zu beheben oder mit einer unmissverständlichen Vorrichtung kenntlich zu machen, sodass die Reviereinrichtung nicht mehr benutzt wird.
- Alle weiteren Mängel sind ebenfalls schnellstmöglich zu beheben.
- Deklarierte „Hochstandleichen“ müssen so rasch wie möglich abgetragen werden.

Ein „Friedhof an Revierleichen“ als Ergebnis einer jährlichen Sicherheitsüberprüfung von Jagdeinrichtungen. Das ist vorbeugender Unfallschutz!

FACETTENREICH

HOCHSTÄNDE IM PORTRÄT

Dieses Buch beschreibt in vielen Facetten und Ausführungsvarianten die klassische geschlossene Kanzel auf einem Kanzelbock. Natürlich gibt es auch weitere Hochstandtypen, von denen hier eine Auswahl unter die Lupe genommen wird. Dabei gilt es, konstruktive Herausforderungen und typenbezogene Besonderheiten herauszuarbeiten. Für einen mobilen Riegeljagdhochstand und einen mobilen Bodensitz gibt es auf den folgenden Seiten auch Bauanleitungen zum Nachbauen.

HIMMELSLEITERN

„Über den Wolken muss die Freiheit wohl grenzenlos sein." Wer schon einmal auf einem wirklich hohen Hochstand Platz genommen hat, kann diese berühmte Textzeile von Reinhard Mey im übertragenen Sinne nachvollziehen. Grenzenlos sind aber auch die möglichen Gefahren, die derartige Konstruktionen in sich bergen. Es sind der Weitblick und dieses erhabene Gefühl, die den Reiz eines riesenhaften Sitzes ausmachen. Auch der Kugelfang und der Einblick in die zu bejagende Fläche werden mit zunehmender Abschusshöhe immer besser. Doch mit wachsender Größe steigen auch die Ansprüche an die Reviereinrichtung in puncto Stabilität und Sicherheit. Im Hinblick auf die Konstruktion ist somit besondere Vorsicht geboten.

Wozu hohe Hochstände?

Manche Plätze würden sich hervorragend für die Positionierung eines Hochstandes eignen, bieten aber aus „gewöhnlichen" Ansitzhöhen von nur wenigen Metern einen zu geringen Einblick in die Jagdfläche und damit zumeist auch einen ungenügenden Kugelfang. Vor allem bei etwas höherem Bewuchs braucht es eine höhere Position, von der aus beobachtet und agiert werden kann. Ebenso können durch hohe Hochstände so manche Bergrücken doch noch eingesehen und jagdlich genutzt werden.

Hochstände bieten neben einem oftmals großartigen Panorama zur weitreichenden Beobachtung der Reviergeschehnisse zumeist auch gute Kugelfangverhältnisse für einen sicheren Schuss. - Sicherheit im Sinne eines vorhandenen Kugelfanges muss immer an oberster Stelle stehen, und zwar ohne Abstriche oder Kompromisse. Es sind möglichst steile Schusswinkel (zumindest 10°) einzuhalten, sodass Geschossfragmente oder Fehlschüsse sicher vom Erdreich aufgenommen werden können.

Eine gute Schießauflage ist die halbe Miete für einen erfolgreichen Treffer. Im Gegensatz dazu kann aber auch eine schlechte Auflage zu Fehlschüssen oder schlechten Treffern führen.

Links: Aus 3 m Abschusshöhe kann nur auf kurze Distanzen sicher geschossen werden (bis zur roten Linie, dahinter fehlt der Kugelfang).
Rechts: Aus einer Höhe von knapp 9 m vergrößert sich die einseh- und sicher bejagbare Fläche deutlich (rot markiert).

Gerade für das Erkunden der Wildbestände bieten hohe Hochstände einen guten Überblick (speziell in Feldrevieren).

Besondere Anforderungen

Wenn man von Hochständen mit Abschusshöhen jenseits der 6 m spricht, kann getrost von überdurchschnittlich hohen Reviereinrichtungen („Himmelsleitern") gesprochen werden. Immerhin befindet man sich dabei zwischen dem zweiten und dritten Stock eines Wohnhauses. Solche hohen Reviereinrichtungen sind in keinster Weise mit Ansitzleitern, Scherenleitern oder Riegeljagdhochständen zu vergleichen, bei denen man schon nach wenigen Sprossen oben angekommen ist.

Hochstände haben die Eigenschaft, dass ihr Schwerpunkt konstruktionsbedingt weit oben liegt. Je weiter oben dieser ist, desto größere Anforderungen ergeben sich an die Stabilität. Lastet im Winter noch dazu eine gewaltige Schneehaube auf dem Dach des Hochstandes und stürmt der Wind mit 100 km/h oder mehr, wird schnell klar, dass auf hohe Reviereinrichtungen enorme Belastungen wirken. Hohe Sitze tendieren konstruktionsbedingt und aufgrund der längeren Bauteile, wie Hauptstützen oder Leiter, und deren größeren Spannweiten, Knicklängen und Durchbiegungen, eher zum Schwingen. Deshalb darf auch nicht auf genügend Verstrebungen innerhalb der Konstruktion sowie Abstützungen (durch Schrägstützen) der Gesamtkonstruktion vergessen werden. Hochstände stellen aber auch Anforderungen an den Jäger, denn Schwindelfreiheit ist eine Voraussetzung für deren Benutzung. Dies ist vorab auch mit Jagdgästen zu klären.

Wer sich dazu entschließt, selbst hohe Hochstände zu errichten, muss sich auch um deren Konstruktionssicherheit kümmern. Immerhin vertrauen alle Jäger, die solche Jagdeinrichtungen benutzen, darauf, dass diese in Ordnung und gepflegt sind. Unter schlechten Lichtverhältnissen – etwa bei der Nachtjagd – kann der Zustand des betreffenden Sitzes im Vorfeld noch weniger bewertet werden. Somit steigen die Anforderungen an die Sicherheit sozusagen mit jedem Höhenmeter.

Definitive Konstruktionshöhe

Ist man mit der Planung einer hohen Reviereinrichtung beschäftigt, stellt man sich die Frage nach der tatsächlichen Konstruktionshöhe. Im Zeitalter der Digitalisierung bietet sich für die Ermittlung der optimalen Bauhöhe der Einsatz einer Drohne an. Mit selbiger können der Einblick ins umgebende Gelände und der tatsächliche Kugelfang in unterschiedlichen Höhen ermittelt werden. Eines steht jedenfalls fest: Jeder nicht gebrauchte zusätzliche Höhenmeter in derartigen Höhenlagen ist unnötig! An dieser Stelle sei darauf hingewiesen, dass der Betrieb einer Drohne (UAS = Unmanned Aircraft System) mit zahlreichen Pflichten des Betreibers bzw. Fernpiloten verbunden ist. Es ist jedenfalls zu empfehlen, sich vor dem Kauf einer solchen mit den entsprechenden Rechtsmaterien auseinanderzusetzen bzw. professionelle Hilfe in Anspruch zu nehmen.

In luftiger Höh': Die Schwindelfreiheit ist mit jedem Jagdgast vorab zu klären.

Die bei „Himmelsleitern" verwendeten Bauteile sind allesamt möglichst massiv zu wählen, da spätere Austauscharbeiten oder Reparaturen in diesen Höhen nicht nur schwierig, sondern auch gefährlich sind.

Bauteildimensionen

Riesensitze stellen unter anderem aufgrund ihrer Exponiertheit, ihres hohen Schwerpunkts und ihrer enormen Größe besondere Anforderungen an die Konstruktionssicherheit. Deshalb ist die Verwendung von massiven Bauteilen mit großen Querschnitten erforderlich. Wer hier spart, spart definitiv am falschen Ort, nämlich bei der Sicherheit.

Holz ist ein natürlicher Baustoff und stets der Witterung ausgesetzt. Um möglichst langlebige Konstruktionen zu schaffen, muss man dies schon bei der Planung berücksichtigen. Auch wenn ein Hochstand bei starkem Wind nicht ein- oder umstürzen würde, ist ein deutliches Schwingen der Gesamtkonstruktion für den ansitzenden Jäger äußerst unangenehm bis besorgniserregend und nur durch deutlich stärkere Bauteile und entsprechende Aussteifungen in den Griff zu bekommen. Die verwendeten Bauteile sind auch deshalb allesamt möglichst massiv zu wählen, da spätere Austauscharbeiten oder Reparaturen in diesen Höhen nicht nur schwierig, sondern auch gefährlich sind. Querschnitte sind deshalb nochmals zu erhöhen. Durchmesser von 20 cm oder mehr für die Hauptstützen am unteren Ende sind also kein unübliches Maß für eine stabile Himmelsleiter.

Fundament

Die Fertigung geneigter Hauptstützen ist sehr wichtig, um eine breitere Aufstandsfläche zu erreichen, die der Konstruktion zusätzlich Stabilität verleiht. Aufgrund der großen Bauhöhe ergeben sich bei Riesensitzen entsprechende Aufstandsflächen, wo 3×3 m oder mehr keine Seltenheit sind. Als Fundamente eignen sich flache Steine oder auch Betonplatten, die auf tragfähigem (nicht weichem/nachgebendem) Untergrund gesetzt werden.

Ein stabiles Fundament ist die Basis für eine sichere Konstruktion.

Oben links: Als Credo gilt: Arbeiten sind möglichst am sicheren Boden durchzuführen.
Oben rechts: Die Zufahrtsmöglichkeit von schwerem Gerät ist bereits während der Planung zu prüfen.
Unten links: Doppelt ausgekreuzte Kanzelbockseiten erhöhen nochmals die Stabilität von Reviergiganten.

Kanzelbock

Grundsätzlich sollten alle Bautätigkeiten - soweit möglich - auf sicherem Boden durchgeführt und Arbeiten in der Höhe aufgrund der Unfall- und Absturzgefahr weitgehend vermieden werden. Wer die Möglichkeit hat, die Konstruktion vor Ort, also im Revier zusammenzubauen (Maschinen inkl. Stromaggregat, Platzbedarf usw.), sollte dies tun, denn der Transport einer solch großen Gesamtkonstruktion ist für gewöhnlich sehr aufwendig. Für den Bau derartig großer und gewichtiger Reviereinrichtungen ist der Einsatz von schwerem Gerät notwendig. Eine Zufahrtsmöglichkeit ist ebenfalls vorab zu prüfen.

Verstrebungen der Konstruktion (Windverband) tragen zur Aussteifung und zur Stabilität bei. Dabei sind je Kanzelbockseite ausgekreuzte Stangen anzubringen. Bei hohen Hochständen ist es sogar empfehlenswert, zwei Auskreuzungen (eine in der oberen und eine in der unteren Hälfte) anzubringen, damit die Konstruktion noch steifer wird.

Verbindungsmittel

Wer derart große Bauteile (zum Beispiel Hauptstütze unten mit Ø20 cm und Querriegel mit Ø15 cm) miteinander verbinden möchte, ist gut beraten, diese vorab durchzubohren und

Massiver unterer Montagepunkt eines Kanzelbockes mit Gewindestangen, Beilagscheiben und Muttern. Hier werden zwei untere Querriegel mit der Hauptstütze verbunden. Ein Erdanker verankert diesen Knotenpunkt mit dem Erdreich. – Top!

anschließend mit einer Gewindestange (zum Beispiel ØM18), Unterlegscheiben und Muttern zu fixieren. Größere Bauteilstärken erhöhen die Anforderungen an die Dimension und Qualität der Verbindungsmittel. Sowohl bei Holz(bau)schrauben als auch bei Nägeln sollte das Augenmerk auf die Qualität und nicht auf den Preis gelegt werden. Besonders bei tragenden Verbindungen kann es hier ganz schnell gefährlich werden, wenn billige Schrauben brechen bzw. abscheren.

Leiter

Leitern müssen Jäger samt Ausrüstung tragen – und zwar jede einzelne Sprosse. Wenn Leitern auf hoch oben liegende Podeste sicher hinaufführen sollen und dementsprechend lang sind, müssen sie hinsichtlich ihres Querschnitts nochmals stabiler ausgeführt werden als bei herkömmlichen Konstruktionshöhen, um sich nicht zu stark durchzubiegen oder zu schwingen. Das gilt sowohl für die beiden Holme als auch für die Sprossen. Sprossen können beispielsweise mit Staffeln (50×80 mm) oder halbierten

Rundhölzern (Ø >110 mm) und abgeflachter obiger Auftrittsfläche sicher ausgebildet werden. Wer eine langlebige Leiter bauen möchte, verwendet Sprossen aus Lärchenholz. Die Sprossen sind es, die aufgrund der Witterungseinflüsse zuerst nachgeben.

Lange Leitern sollten zusätzlich im Mittelbereich abgestützt werden, um ein übermäßiges Durchbiegen und Schwingen zu vermeiden. Ein Handlauf entlang der Leiter, der einen sicheren Griff im Falle eines Gleichgewichtsverlusts ermöglicht, kann in großer Höhe vor folgenschweren Abstürzen schützen. Dieser muss jedoch so stabil sein, dass er nicht nachgibt, wenn ihn der Jäger im Notfall voll belastet.

Links: Lange Leitern sind massiv auszuführen. Lastverteilungslatten dienen der Verteilung der Belastungen und erhöhen die Stabilität. Rechts: Ein stabiler Handlauf dient der Sicherheit und Orientierung sowohl am Tag als auch in der Nacht.

Podest & Absturzsicherung

Nicht nur in großer Höhe ist die Absturzsicherung beim Podest ein wichtiges Thema. Hochstandpodeste sind unabhängig ihrer Höhe mit umlaufenden Wehren (Fuß-, Mittel- und Brustwehr) zu schützen, die auf Fußhöhe sowie etwa 50 cm und 100 cm über Podestniveau angebracht werden. Während des Baues sollte für die Montage der Absturzsicherung in luftiger Höhe unbedingt ein Klettergeschirr mit Seilsicherung getragen werden.

Erdanker & Abstützungen

Hohe Hochstände sind der Windbelastung aufgrund ihrer Größe naturgemäß besonders stark ausgesetzt. Umso wichtiger ist es daher, Maßnahmen zu treffen, die das Umstürzen der Gesamtkonstruktion verhindern. Kombinationen aus Erdankern (zum Beispiel eingeschlagene Winkeleisen) mit Zugseilen aus Stahl oder Schrägstützen aus Rundlingen sind besonders empfehlenswert. Ein zusätzliches Beschweren der Konstruktion am unteren Querriegel mit Steinen oder Betonplatten wirkt der Windbelastung ebenso entgegen, senkt den ansonsten naturgemäß eher höheren Konstruktionsschwerpunkt und wirkt positiv auf die Stabilität.

Solche hohen Konstruktionen bergen ein höheres Gefahrenpotenzial und Unfallrisiko in sich, vor allem dann, wenn sie nicht ordentlich ausgeführt bzw. nicht regelmäßig gewartet werden. Stürze aus großen Höhen haben meist schwere Folgen und enden im schlimmsten Fall tödlich.

Fazit

Hohe Hochstände müssen aufgrund ihrer Größe und des erhöhten Konstruktionsschwerpunkts stärkeren Belastungen standhalten, weshalb sie sehr massiv auszuführen sind. Eine sorgfältige Planung sowie Fachwissen über derartige Konstruktionen und handwerkliches Geschick sind jedenfalls erforderlich. Gerade solche hohen Konstruktionen bergen ein höheres Gefahrenpotenzial und Unfallrisiko in sich, vor allem dann, wenn sie nicht ordentlich ausgeführt bzw. nicht regelmäßig gewartet werden. Stürze aus derartigen Höhen haben meist schwere Folgen und enden im schlimmsten Fall tödlich. All das sollte man bedenken, bevor man sich zum Bau einer solch gewaltigen Konstruktion entschließt. Es ist keine Schande, derartig heikle Bauten nicht selbst zu errichten und eine Reviereinrichtung aus dem Katalog zu bestellen. Eine jährliche Sicherheitsüberprüfung ist aber auch hier obligat.

*Hoch*stände und „Himmelsleitern" bieten zahlreiche Vorteile, aber auch mögliche Nachteile und Probleme. Hier das Wichtigste noch einmal auf den Punkt gebracht:

- » besserer Kugelfang (= mehr Sicherheit) durch höhere Schussposition
- » guter Einblick auch bei höherer Vegetation, Ausblick
- » passendes Material, Werkzeug, Fachwissen und handwerkliches Geschick sind beim Bau erforderlich
- » Verbindungen von starken Querschnitten mit Gewindestangen, Muttern und Unterlegscheiben
- » Durch die enorme Absturzhöhe geht von hohen Sitzen eine größere Gefahr aus. Beim Benutzen ist stets Vorsicht geboten.
- » Aufgrund des hohen Konstruktionsschwerpunkts steigen die Anforderungen an die Stabilität.
- » anfällig gegenüber (Wind-)Belastungen
- » massivere und stärkere Bauteildimensionen notwendig
- » solides Fundament mit breiter Aufstandsfläche als Basis für eine sichere und langlebige Konstruktion
- » Arbeiten möglichst am sicheren Boden durchführen
- » Die großen Abmessungen der Konstruktion erschweren das Hantieren und Bearbeiten.
- » Kanzelbock durch zusätzliche Verstrebungen versteifen, um Windbelastungen zu trotzen
- » lange Leitern aus starken Querschnitten bauen und mittig abstützen, um übermäßige Schwingungen zu reduzieren
- » Ein Handlauf bietet zusätzliche Sicherheit - dieser muss allerdings stabil sein.
- » Nicht vergessen: die Absturzsicherung des Podests mit Fuß-, Mittel- und Brustwehr.
- » Kombinationen aus Erdankern und Schrägstützen verhindern das Umstürzen der Konstruktion.

Ein Hochstand mit allem Drum und Dran. So lässt es sich sicher „über den Wolken" jagen.

Mit dieser Schritt-für-Schritt-Bauanleitung gelangen Sie zu einem mobilen Riegeljagdhochstand.

RIEGELJAGDHOCHSTAND FÜR RASCHE EINSÄTZE

Egal, ob verwüstete Maisfelder oder herbstliche Riegeljagd: Oftmals ist rasches Handeln gefragt, und eine neue Reviereinrichtung muss her. Mit einem mobilen Riegeljagdhochstand ist nicht nur ein sicherer Kugelfang, sondern auch ein rasches Eingreifen möglich. Der hier vorgestellte Riegeljagdhochstand verfügt über eine Standflächenhöhe von etwas über 2,5 m (finale Schusshöhe rund 4 m) und besteht aus nur zwei Hauptkonstruktionsteilen, die in wenigen Minuten zusammengebaut und von zwei kräftigen Personen aufgestellt werden können. Trotz der nicht zu unterschätzenden Größe reicht ein handelsüblicher Autoanhänger aus, um diesen mobilen Hochstand zu transportieren. Aufgrund der Geometrie kann diese Reviereinrichtung auch als offener Sitz verwendet werden, welcher auch für die Ansitzjagd optimalen Schießkomfort bietet.

Materialien und Bauteile

Für die Konstruktion werden bereits entrindete und getrocknete Fichtenrundlinge, Lärchenstaffeln (50×80 mm) sowie Fichten- und Lärchenbretter in einer Stärke von 24 mm verwendet. Zudem kommen zwei Stahlwinkel (70°) aus Formrohren für die Montage der Leiter zum Einsatz. Als Verbindungsmittel werden Holzbauschrauben (8×120–180 mm) sowie Torbandschrauben (M 10×160 mm) und Gewindestangen (Ø 10 mm) mit Unterlegscheiben und Muttern gewählt. Für die Leiterkonstruktion zur Verbindung der Holme und Sprossen verwenden wir Nägel (150–180 mm).

Hauptkonstruktion

Um das Hauptkonstruktionsbauteil zu erstellen, werden zwei Rundlinge (Bauteil **1** und **2**) in die entsprechende Position gebracht. Mit einem Lärchenstaffel (**3**) und Holzbauschrauben wird ein Dreieck gebildet. Dabei werden die Rundlinge auf ihren Verbindungsstellen mit der Motorsäge abgeflacht, um eine größere Auflagefläche zu erhalten. Dieses Dreieck ist nun ein zweites Mal – seitenverkehrt – herzustellen, sodass die Staffeln später innen liegen und den Boden tragen können. Alle Angaben beziehen sich auf die Naturmaße der vorliegenden Konstruktion.

Boden

Der Boden (**5**) verfügt über eine trapezförmige Grundfläche. Dies deswegen, weil die Leiterbreite an der vorderen, schmalen Seite überschaubar bleibt und am Sitzbrett auf der hinteren Seite zwei Personen Platz finden können. Nachdem bei dieser Konstruktion dem Boden eine wesentliche stabilisierende Funktion zukommt, wurden mittels Schaumkleber jeweils zwei Lärchenbretter mit

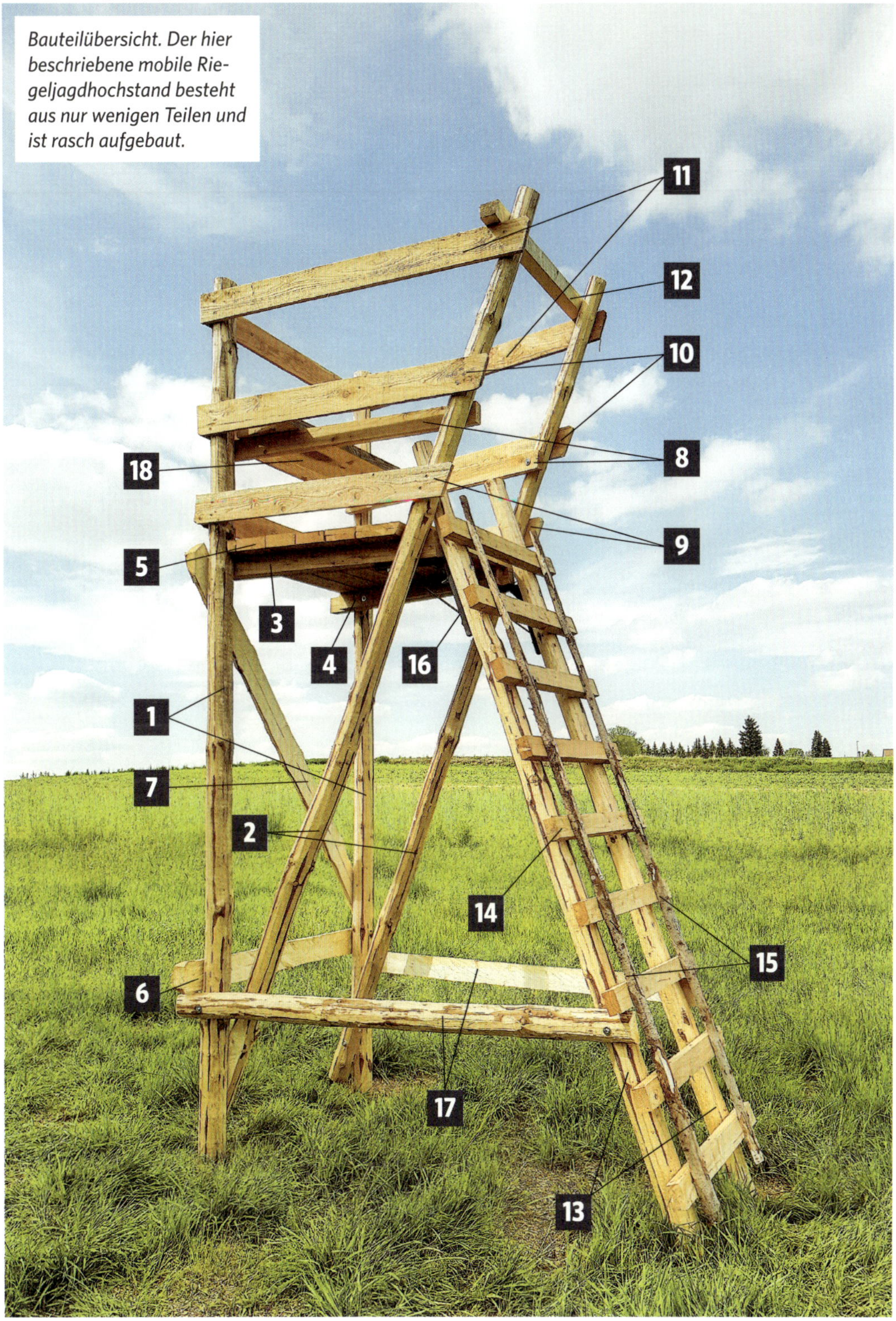

Bauteilübersicht. Der hier beschriebene mobile Riegeljagdhochstand besteht aus nur wenigen Teilen und ist rasch aufgebaut.

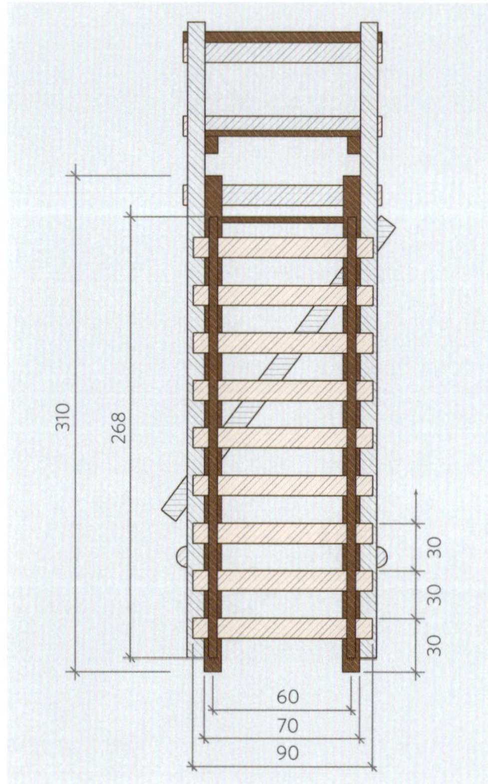

24 mm Stärke zusammengeklebt und auf die beiden Staffeln (4) durchgeschraubt. Zwischen zwei benachbarten Bodenbrettern ist ein Luftspalt (mindestens 10 mm) für eine bessere Austrocknung zu berücksichtigen.

Anschließend werden die beiden Staffeln von Boden- und Hauptkonstruktion (4 und 3) aneinandergeschraubt. Zuvor wird der Boden an den vier Ecken ausgeschnitten und an die Rundlinge (1 und 2) angepasst. Um die Konstruktion auszusteifen, folgt die Montage eines horizontalen Querriegels (6) sowie eines diagonalen Halblings (7) auf der Rückseite. Auf einen entsprechenden Überstand von der Holzbauschraube zum Holzende (Hirnholz) ist zu achten, um einem Aufreißen des Holzes vorzubeugen. In weiterer Folge wird der obere Teil, von dem aus gejagt werden soll, ausgefertigt. Dazu werden die beiden Führungsleisten des Sitzbretts (Lärchenstaffeln, 8) links und rechts in einer Höhe von 45 cm - gemessen vom Boden - an die Rundlinge geschraubt. Im Anschluss erfolgt die Montage von Brust-, Mittel- und Fußwehr (11, 10 und 9) als Absturzsicherung an der Hinterseite sowie an den beiden Seitenflächen. Nachdem die optimale Höhe der Schießauflage zwischen 105 cm und 110 cm liegt, befindet sich am Riegeljagdhochstand die Oberkante der Brustwehr (11) auf

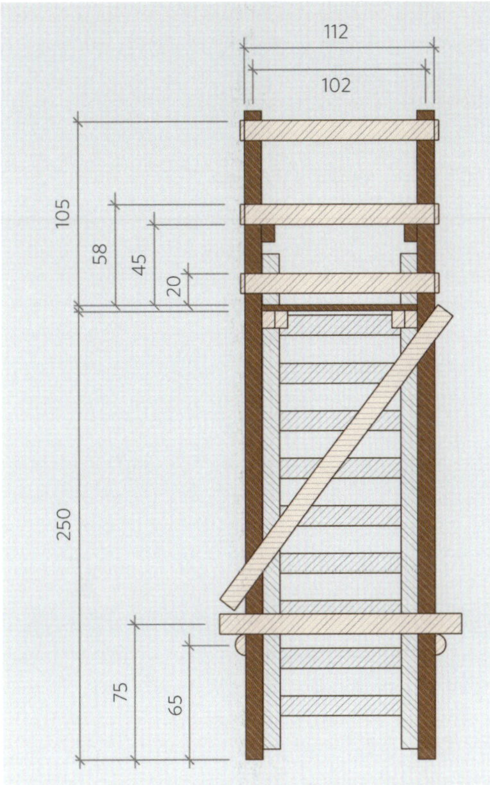

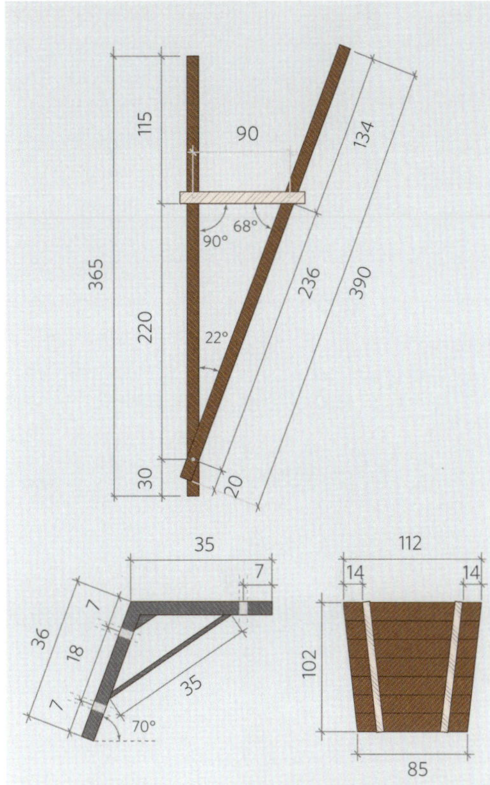

105 cm. Die Frontbrüstung (12) wird durch einen Lärchenstaffel ausgebildet, der etwas abgeschrägt und von innen an die beiden Frontrundlinge geschraubt wird. Dadurch wird eine optimale Höhe der Frontgewehrauflage (Frontbrüstung = Absturzsicherung) von 110 cm für den sitzend aufgelegten Schuss erzielt.

Leiter

Die Leiter stellt den zweiten der beiden Konstruktionsteile dar, die vor Ort rasch zusammengesetzt werden können. Hierzu werden auf zwei Leiterholmen (13) mit einem Achsabstand von etwa 60 cm insgesamt neun Leitersprossen (14) im Abstand von 30 cm zwischen den Sprossenoberkanten aufgenagelt. Für den Abstand der beiden Holme ist das lichte Innennaturmaß der beiden Diagonalrundlinge (2) auf Höhe des Einstiegs zu wählen. Die Leitersprossen werden vorerst nur mit einem Nagel befestigt. Als Sprossensicherung dienen zwei Lastverteilungslatten (15) in Form von Halblingen. Dafür wurde mit der Motorsäge ein Rundling entlang der Längsrichtung geteilt. Jede Sprosse wird nun mit einem zweiten (längeren) Nagel über diese Sprossensicherung gesichert. Die beiden Nägel sollten je Verbindungsstelle v-förmig und diagonal versetzt eingeschlagen werden. Ein Abstand von

zwei Fingerbreit zur Sprossenoberkante sollte eingehalten werden. Durch den Überstand der Sprossen (zumindest ein ausgestreckter Zeigefinger eines Erwachsenen) wird einem Aufreißen des Holzes von der Nagelstelle zum Hirnholz möglichst vorgebeugt.

Auf der Rückseite der (wieder lokal leicht abzuflachenden) Leiterholme wird auf einer Höhe von etwa 260 cm ab dem Leiteraufstandspunkt die Winkelecke eines zusammengeschweißten Stahlwinkels (16) angeschraubt. Dieser Winkel besteht aus zwei Formrohren, die im optimalen Leiteraufstellwinkel von 70° angeordnet sind. Ausgesteift wird der Winkel durch ein Flacheisen mit einer Stärke von 6 mm und einem angeschweißten Bewehrungseisen im Durchmesser von 8 mm. Der Stahlwinkel wurde lackiert, um witterungsunempfindlicher zu sein.

An der Unterseite der beiden äußeren Staffeln der Hauptkonstruktion (3) ist eine Gewindestange zu fixieren, die nach unten etwa 50 mm hinausragt und nach oben hin auch den Boden durchdringt. Sie dient dem Stahlwinkel als Montagepunkt. Nun werden noch zwei Seitenriegel in Form von Halblingen (17) montiert. Ein Sitzbrett (18) rundet den Riegeljagdhochstand ab. Soll der Hochstand länger an dieser Stelle verbleiben, verhindern vier Fundamente Holzfäulnis an den Bodenaufstandsflächen. Ist ein Dach gewünscht, können entweder gleich bei der Errichtung die Hauptrundlinge (1 und 2) weitergeführt werden, oder eine separate Dachkonstruktion erfolgt ganz einfach nachträglich. Aber Achtung, durch die Dachstützen wird der Aktionsradius und somit auch das freie Durchschwingen eingeschränkt. Zur Verlängerung der Lebensdauer des Hochstandes trägt die Dachkonstruktion allerdings maßgeblich bei.

Rasche Montage

Nachdem die beiden Bauteile (Hauptkonstruktion und Leiter) zum Aufstellungsort gebracht worden sind, wird die Leiter so positioniert, dass die abstehenden Schenkel des Stahlwinkels über die Gewindestangen an den Staffelunterseiten der Hauptkonstruktion geführt werden. Die Fixierung erfolgt beiderseits mit Muttern und Unterlegscheiben, die mit einem Gabelschlüssel aufgeschraubt werden. Jeder Leiterholm wird oben zusätzlich von innen mit dem jeweiligen diagonalen Rundling verschraubt. Hiermit ist die flexible Montageverbindung fertiggestellt. Auf der Uhr sind für die Endmontage nur wenige Minuten vergangen. Der mobile Riegeljagdhochstand ist nun einsatzbereit. Auf Seite 211 finden Sie eine detaillierte Stückliste.

Material	Stk.	Bauteil, Holzart	Maße
Rundling	2	senkrechte Steher, Fichte entrindet	365 cm lang, Ø100 mm an Basis
Rundling	2	diagonale Steher, Fichte entrindet	390 cm lang, Ø100 mm an Basis
Querstaffel	2	Lärche	115 cm lang, 50×80 mm
Staffel	1	zur Bodenmontage, Lärche	100 cm lang, 50×80 mm
Bodenbrett	7	Lärche	85–112 cm, min. 30 mm stark
Halbling	1	Querriegel, Fichte entrindet	130 cm lang, Ø100 mm
Halbling	1	Diagonalriegel, Fichte entrindet	210 cm lang, Ø100 mm
Führungsleiste des Sitzbretts	2	Lärche	122 cm lang, 50×80 mm
Holzbrett	3	Fußwehr, Fichte	2× 120 cm, 1× 112 cm lang, 24 mm stark
Holzbrett	3	Mittelwehr, Fichte	2× 135 cm, 1× 112 cm lang, 24 mm stark
Holzbrett	3	Brustwehr, Fichte	2× 152 cm, 1× 112 cm lang, 24 mm stark
Staffel	1	Gewehrauflage, Lärche	100 cm lang, 50×80 mm
Rundling	2	Leiterholme, Fichte entrindet	310 cm lang, Ø100 mm
Leitersprosse	9	Lärche	90 cm lang, 50×80 mm
Halbling	2	Lasterverteilungslatten, Fichte	268 cm lang, Ø60–80 mm
Winkel	2	quadratisches Formrohr aus Stahl, zusammengeschweißt	350 mm lang, 25×25×3 mm
Halbling	2	Fichte entrindet	194 cm lang, Ø100 mm
Sitzbrett	1	Fichte gehobelt	95×30×3,5 mm

Ein nachträglich montiertes Dach schützt vor Niederschlägen. Die zusätzliche Verblendung der Seitenwände wirkt als Sichtschutz. Aufgrund der durchgehenden Dachstützen ist der Aktionsradius und somit ein freies Durchschwingen jedoch eingeschränkt.

Oben links und rechts: Auf 2,5 m Höhe hat man einen wesentlich besseren Einblick ins Gelände und kann durch einen besseren Kugelfang weiter schießen. Unten: Mit mobilen Rädern können Hochstandkonstruktionen mühelos ins Revier gebracht werden.

ANSITZLEITERN

Ansitzleitern sind dadurch charakterisiert, dass eine Leiter zu einer Sitzfläche führt, die über eine Unterkonstruktion mit einem Baum verbunden ist. Rings um die Sitzfläche verläuft die Absturzsicherung, die zugleich auch als Gewehrauflage dient. Ansitzleitern sind weder für ein Stehen auf der Sitzfläche noch für ein Hinauslehnen über die Brüstung konzipiert. Derartige Handlungsweisen entsprechen nicht der zweckmäßigen Benutzung solcher Konstruktionen. Wäre eine Ansitzleiter für ein Stehen auf der Sitzfläche ausgelegt, müsste die Absturzsicherung höher als nur auf Kniehöhe ausgeführt sein.

Die Leiter stellt bei Ansitzleitern einen lastabtragenden Bauteil dar, über den ein wesentlicher Teil der Belastungen ins Erdreich abgeleitet wird. Diese zusätzliche Belastung ist im Vergleich zu herkömmlichen (Anlege-)Leitern bei der Dimensionierung der beiden Holme zu berücksichtigen. Bei herkömmlichen Ansitzleitern (siehe linkes Bild) ist die Sitz- bzw. Schießrichtung insofern vorgegeben, als dass die Füße im sitzenden Zustand noch auf den Leitersprossen ruhen können. Im Falle eines Gleichgewichtsverlusts kann mit den Füßen (Sprosse) und den Händen (Brüstung) Halt gefunden werden. Tipp: Wird die Frontbrüstung von innen auf die beiden Frontsteher montiert, kann sie sich bei Belastung darauf abstützen (zum Beispiel Anhalten beim Aufbaumen). Zudem müssen die Verbindungsmittel dadurch auch nicht den reinen Zugbelastungen widerstehen.

Bei der Auswahl des Baumes ist es wichtig, dass dieser gesund und stark genug ist. Wie auch bei Baumsitzen sind die Tücken bei der Montage von Konstruktionen an lebenden Bäumen (Rinde ist zum Beispiel kein tragfähiges Material) zu berücksichtigen. Ist kein passender Baum in der Nähe der geplanten Jageinrichtung zu finden, bieten Scherenleitern eine entsprechende Möglichkeit - selbsttragende Konstruktionen in der Form einer Schere.

Links: Ansitzleitern bieten einfache Konstruktionsweisen, die durch ihre aufgelöste Bauweise mit einigermaßen geringem Aufwand hergestellt werden können. Rechts: Scherenleitern stellen eine besondere Form von Ansitzleitern dar. Hier mit Sichtschutz.

BAUMSITZE

Herausforderungen

Baumsitze thronen oft hoch oben in Baumkronen und werden dort zwischen mehreren Ästen oder Baumstämmen errichtet. Bäume und Äste nehmen auf diese Art und Weise die Funktion der Unterkonstruktion (Kanzelbock) ein, welcher dadurch nicht extra errichtet werden muss. Gerade aus diesem Grund kann die Errichtung von Baumsitzen auf Dauer aber problematisch sein, denn Bäume sind Lebewesen, die stetig wachsen. Das tun sie nicht nur im Durchmesser (Stamm und Äste), sondern auch in ihrer Längsrichtung (Höhe). Verbindet ein Baumsitz mehrere Punkte eines Baumes oder gar mehrerer Bäume, können die dadurch entstehenden Zwänge und Spannungen die Stabilität der Hochstandkonstruktion negativ beeinträchtigen und Beschädigungen verursachen. Auch Windbelastungen, die benachbarte Äste oder Bäume ungleichmäßig zum Schwingen bringen, müssen direkt von der Baumsitzkonstruktion aufgenommen und von ihr standgehalten werden. Mit der Zeit kann es sein, dass die Verbindungen (bei Nägeln ist der Schaft noch dazu glatt) etwas gelockert werden und somit nachgeben. Die Konstruktion wird dadurch aus konstruktiver Sicht von Wind zu Wind sukzessive „weicher".

Bei der Auswahl der Verbindungsmittel ist darauf zu achten, dass die Rinde lediglich „totes" Material ist und somit nicht als lastabtragendes Material angesehen werden darf. Dieser Umstand ist bei der Dimensionierung der Verbindungsmittel miteinzukalkulieren. Erschwerend kommt auch die Errichtung hoch oben hinzu, denn oftmals können keine bzw. nur kaum Vorarbeiten am Boden durchgeführt werden. Dass Bohren, Schrauben und Nageln in derartigen Höhen zwischen den Ästen weder einfach noch besonders sicher ist, muss nicht weiter ausgeführt werden. Baumsitze sind in der Regel an einen Ort (einzelne Bäume oder Äste) gebunden und können kaum wiederverwendet werden, wenn sich die Vegetation verändert (zum Beispiel aus dem Kahlschlag mit der Zeit dichter Bewuchs wird).

Bei der Errichtung von Baumsitzen kommt erschwerend hinzu, dass diese in der Regel hoch oben erfolgt. Keine bzw. nur wenige Vorarbeiten können am Boden durchgeführt werden.

Konstruktionshinweise

Es stellt sich nun die Frage, worauf beim Bau geachtet werden sollte. Wichtig ist jedenfalls, dass Bäume bzw. deren Äste gesund und stark genug sind, um den Belastungen standzuhalten. Ein Verletzen oder Abschnüren des Stammes oder von Ästen ist jedenfalls zu vermeiden. Ich rate von der Errichtung von Baumsitzen zwischen mehreren Bäumen bzw. Ästen ab, da – wie bereits erwähnt – der Baumsitz aufgrund natürlichen Baumwachstums oder Windbelastungen ungünstigen Zwängen und Spannungen ausgesetzt werden kann, woraus Beschädigungen resultieren

Dieser Baumsitz wurde direkt in die Baumkrone gebaut. Achtung auf natürliche Zwänge durch Wind und Holzwachstum. – Regelmäßig kontrollieren!

Links: Ein Baumsitz nutzt einen Baum als primäre Unterkonstruktion.
Rechts: Über einen Flaschenzug kann die Kanzel des Baumsitzes per Traktor oder Kfz nach oben gezogen werden, um sie dort zu fixieren.

können. Deshalb empfehle ich, Baumsitze lediglich am (dicken) Stamm *eines* Baumes zu befestigen, da sich dieser bei Wind am wenigsten bewegt und dennoch ohne Zwänge mitschwingen kann. Wird die Kanzel trotzdem in die Baumkrone gebaut und zwischen mehreren Ästen fixiert, ist eine regelmäßige Kontrolle unabdingbar. Bei Baumsitzen stellt die Leiter grundsätzlich keinen tragenden Bauteil dar. Deshalb muss die Konstruktion imstande sein, alle Belastungen in den Baum abzuleiten. Die Leiter ist auf ihren Bodenaufstandspunkten auf Fundamente zu stellen.

Beim Hochstandbau lautet das Credo, möglichst viele Arbeiten am sicheren Boden durchzuführen. Deshalb stelle ich gerne die Kanzel bereits am Boden größtenteils zusammen – sofern das auch möglich ist. Fragt sich nur, wie diese dann zur entsprechenden Position hoch oben gelangen soll. Dazu eignen sich jedenfalls Traktor & Co. Stehen keine derartigen schweren Geräte zur Verfügung, kann die Kanzel auch – falls technisch möglich – per Flaschenzug von einem entsprechenden Kfz (Montage an der Anhängekupplung) bis zur endgültigen Position hochgezogen werden, um dort befestigt zu werden.

Hinsichtlich der Konstruktionsweise verwende ich bei Baumsitzen gerne einen zusammengeschweißten Stahlrahmen, der entlang der Baumvorderseite über einen vertikalen Schenkel (ebenfalls aus Stahl, angeschweißt) verfügt. Dadurch bildet sich ein stabiler Winkel aus, wodurch sich der horizontale Stahl-

Holzplattformen in Klettergärten dienen als mögliche Konstruktionsvorlage für Bodenplateaus von Baumsitzen.

Links: Der Stahlrahmen mit vertikalem Schenkel (Pfeil) bietet eine solide Bodenunterkonstruktion.
Rechts: Werden Baumsitze auf nur einem Baum montiert, sind diese gegen Verdrehung zu sichern. Nach unten abstützende, verkreuzte Verstrebungen stabilisieren den Baumsitz ebenso wie umfassende Drahtseile auf der Rückseite.

rahmen über den Schenkel schon einmal am Baum abstützen kann. Verkreuzte Verstrebungen nach unten stützen den Stahlrahmen der Kanzel weiterhin ab. Durch die Verkreuzung wird der Verdrehung des Baumsitzes entgegengewirkt. Drahtseile, die auf der Rückseite des Baumes gespannt werden, tragen ebenfalls zur Stabilisierung der Konstruktion bei.

Soll es kein zusammengeschweißter Stahlrahmen sein, kann man sich auch von den Holzplattformen in manchen Klettergärten inspirieren lassen. Dabei werden Rundhölzer verschränkt bzw. gekreuzt auf gewünschter Höhe um den Stamm des Baumes angeordnet und miteinander verbunden. Für jagdliche Baumsitze ragen auf der Seite der späteren Kanzel die Hölzer der Unterkonstruktion weiter hinaus.

Sonderform: Klettersitze

Der Trend der Klettersitze stammt von den Bogenjägern aus den USA („Treestands") und erobert auch die Jagdszene Mitteleuropas. Klettersitze können als Sonderform der Baumsitze angesehen werden, da auch sie an einem Baum montiert werden, der zugleich das lastabtragende Bauteil darstellt.

Wozu Klettersitze?

Klettersitze verfügen über den Vorteil der Flexibilität in der Standortwahl. Im Gegensatz zu herkömmlichen Baumsitzen, die in

der Regel fix an einem oder mehreren Bäumen montiert werden und dort auch verbleiben, können Klettersitze bereits bei ihrer nächsten Verwendung an einem anderen Baum temporär montiert werden. Mit ihnen können auch sehr entlegene oder bislang wenig bekannte Stellen im Revier abgedeckt werden, welche logistisch für den Bau einer Reviereinrichtung nur sehr schwierig zu erreichen sind.

Zudem können die Einsicht ins Gelände sowie die Kugelfangbedingungen (steilere Schusswinkel) maßgeblich mit der Aufstiegshöhe begünstigt werden. Bei kurzen Steilschüssen ist jedoch der Tiefschuss wegen der Visierlinienerhöhung zu berücksichtigen (siehe Seite 62). Durch die 360°-Rundumsicht in großen Höhen ist die Jagd von einem Klettersitz aus nicht nur ein Erlebnis für sich, sondern bietet (im Vergleich zu herkömmlichen Hochständen) aufgrund der Sichtfelderweiterung auch die Möglichkeit, Wild früher zu erkennen und tendenziell mehr Vorbereitungszeit für die Schussabgabe zur Verfügung zu haben. Dieses äugt in der Regel nicht so weit nach oben, weshalb Bewegungen des Jägers kaum wahrgenommen werden.

Nicht zu unterschätzen ist der Klettersitz als mögliche Unterstützung für den Hochstandbau. Immerhin kann dadurch nicht nur der exakte Standort, sondern auch die optimale Abschusshöhe bereits im Vorhinein eruiert werden, um günstige Voraussetzungen für den Kugelfang und das Blickfeld zu erhalten. Immerhin bietet ein Klettersitz auch eine gesicherte Arbeitsplattform für so manchen Baumsitz, von wo aus in den weiteren Jahren auch die regelmäßigen Sicherheitsüberprüfungen stattfinden können.

Aufgrund ihres überschaubaren Gewichts können Klettersitze mit Trageschlaufen wie ein Rucksack transportiert werden und sind somit nicht von einem Kraftfahrzeug abhängig. Allerdings können längere Anmärsche (eventuell im unwegsamen Gelände) aufgrund des Gewichts (etwa 10 kg und sperriges Format) am Rücken anstrengend bis problematisch werden.

Klettersitze bieten immerhin einige Vorteile, allerdings darf ihre Verwendung nicht auf die leichte Schulter genommen werden. Klettersitze sind nun einmal kein Spielzeug. Zudem ist immer ein passender Baum notwendig, weshalb der Einsatz in der Regel auf Waldgebiete beschränkt ist.

Bestandteile & Anwendung

Ein Klettersitz besteht in der Regel aus einem Sitz- und einem Fußteil, welche mit Zähnen ausgestattet sind und sich in die Borke das Baumes hineindrücken. Gehalten bzw. verkeilt werden Sitz- und Fußteil von je einem Drahtseil, das um den Baum herumgeführt wird. Damit das Kopf- als auch das Fußteil beim sich verjüngendem Baumdurchmesser in entsprechender Höhe möglichst waagrecht stehen, sollte das Drahtseil bei der Montage am

Klettersitze bieten einige Vorteile, ihre Verwendung darf aber nicht auf die leichte Schulter genommen werden. Auf- und Abstieg erfordern eine entsprechende Physis und Schwindelfreiheit.

Boden so eingestellt sein, dass das Kopf- und Fußteil entsprechend schräg nach oben ragen.

Das Fußteil verfügt über zwei Schlaufen bzw. Bügel, in welche je ein Fuß hineingestellt wird. Die Fortbewegung baumaufwärts funktioniert dahingehend, dass man sich auf dem Sitzteil abstützt und das Fußteil nachzieht. Im Anschluss wird wieder das Sitzteil hinaufgeschoben, und der Prozess beginnt von Neuem. So kann Hub für Hub (eine Art „Raupenbewegung") die endgültige Einsatzhöhe beliebig definiert und frei gewählt werden. Auf der finalen Höhe wird das Fußteil mittels Spanngurte mit dem Kopfteil fixiert. Im Anschluss muss nur noch die Jagdausrüstung (Gewehr im Futteral und Rucksack), die am anderen Ende des Sicherungsseils vorab befestigt worden ist, hinaufgezogen werden. Der Abstieg erfolgt in entgegengesetzter Reihenfolge.

Vorbereitung und Eigensicherung

Wer einen Klettersitz verwenden möchte, muss sich intensiv mit der Sicherheit befassen. Die Basis hierfür ist eine passende Absturzsicherung, bestehend aus einem Sicherungsseil (dynamisches Seil) mit Abseilgerät und Klettergurt (bzw. Auffanggurt). Diese Seilsicherung wird um den Baum geschlungen, mit dem Klettergurt befestigt und nach oben hin stetig mitgeführt. Im Falle eines Absturzes ist dadurch der Freiflug sehr gering (Schlappseil vermeiden!) und ein nachheriges einhändiges und eigenständiges Abseilen ohne Weiteres möglich. Das Sicherungsseil fungiert zugleich als Transportseil, mit dem die Jagdausrüstung nach der Montage des Klettersitzes nach oben gezogen wird.

Das Gefährdungspotenzial beim Einsatz eines Klettersitzes darf aufgrund der enormen Höhe nicht unterschätzt werden. Bereits Abstürze aus wenigen Metern können schwere Verletzungen bis hin zum Tod nach sich ziehen. Deshalb ist höchste Konzentration und steter Respekt im Umgang mit Klettersitzen zu bewahren. Demnach ist die Ausrüstung vor jedem Einsatz auch separat auf etwaige Auffälligkeiten bzw. Mängel zu überprüfen. Hierbei ist auch jeder für die eigene Handlung selbst verantwortlich. Sich auf andere zu verlassen (weil zum Beispiel der Klettersitz samt Seilsicherung beim letzten Mal noch in Ordnung war), wäre grob fahrlässig.

Wer allerdings das erste Mal mit dem Klettersitz ins Revier ausrückt, sollte nicht nur die gerätespezifische Gebrauchsanweisung samt Sicherheitshinweise studiert, sondern sich auch mit der Eigensicherung penibel genau auseinandergesetzt haben. Ein Besuch eines Seminars im Vorfeld unter der Leitung eines Experten bringt nicht nur einen geübten Umgang und ein paar Tipps und Tricks für die Praxis, sondern auch eine gehörige Portion an Vertrauen und Sicherheit. Je professioneller die Einschulung und der Zugang zum Gerät sind, desto geringer ist das Unfallrisiko.

Die finale Höhe – in diesem Fall 7 m – ist erreicht. Jetzt kann die zuvor am anderen Ende des Sicherungsseiles befestigte Büchse hochgezogen werden.

Links: Vor allem gesunde, astfreie Nadelbäume mit grober Rinde, etwa Lärchen oder Kiefern, eignen sich gut für den Einsatz eines Klettersitzes.
Rechts: In 7 m Höhe angekommen, ist der Einblick in die Schlagfläche schon wirklich gut, und ein Kugelfang ist nahezu überall gegeben.

Wesentliche persönliche Voraussetzungen für den Einsatz eines Klettersitzes sind eine entsprechende körperliche Physis sowie Schwindelfreiheit in größerer Höhe. Immerhin muss man sich bewusst sein, dass man hoch oben allein ist und eine Rettungsaktion (zum Beispiel aufgrund von Kraftlosigkeit, Höhenangst oder Unwissenheit in der Bedienung des Abseilgeräts) sehr schwierig ist.

Empfehlenswert ist, vor der Jagd schon den definitiven Baum für den Klettersitz auszuwählen. Mit einer Baumschere kann dadurch bereits im Vorfeld ausgeastet werden (Grundeigentümer um Erlaubnis fragen), um beim tatsächlichen Einsatz möglichst zügig und leise klettern zu können. Im Zuge dieser Vorauswahl sollten auch gleich die Vitalität und Standfestigkeit des Baumes kontrolliert werden. Wer mit einem Klettersitz jagt, ist gut beraten, etwas früher dran zu sein. Eine Stirnlampe für den sicheren Aufbau ist dabei höchst hilfreich.

Klettersitzexperten raten, das Handy sowie eine Signalpfeife griffbereit parat zu haben, um im Bedarfsfall auf sich aufmerksam machen oder Hilfe holen zu können. Zudem empfiehlt es sich, auch eine kleine Astschere eingesteckt zu haben, die an einer Schnur gegen das Hinunterfallen gesichert ist.

Auswahl geeigneter Standorte und Bäume

Der Einsatz von Klettersitzen eignet sich besonders bei Wechseln, Verjüngungsflächen, Bestandeslücken (zum Beispiel Käferlöcher) oder Brombeerdickungen, da an diesen Standorten im Allgemeinen größere Wildaktivitäten zu erwarten sind. Zudem hält sich Wild in diesen Bereichen eher vertraut auf und fühlt sich sicher.

Bäume sollten für die Montage von Klettersitzen gerade, gesund (vital) und stabil sein. Wesentlich ist auch eine grobe Borke (Rinde), damit die eindringenden Zähne von Sitz- oder Fußteil den Baum nicht verletzen. Dass ein passender Baum möglichst astfrei sein sollte, ist selbstverständlich. Ein Hinaufklettern bis in die Baumkrone ist also insofern nicht empfehlenswert, da dort viele Äste einerseits ein Weiterkommen verhindern und andererseits die Sicht einschränken. Übrigens: Es eignen sich Bäume mit einem Brusthöhendurchmesser von 20–50 cm.

Als Baumarten eigenen sich besonders Lärchen, Kiefern, Eichen oder Douglasien. Bäume mit glatter, lockerer, bröckelnder oder dünner Rinde (zum Beispiel Birken oder Buchen – im Winter sehr glatt: Absturzgefahr!) sind beim Einsatz von Klettersitzen zu vermeiden. Ebenfalls ist von morschen (abgefaulten, toten), hohlen oder dürren Stämmen, Ästen oder Wipfeln Abstand zu nehmen.

Wesentliche persönliche Voraussetzungen für den Einsatz eines Klettersitzes sind eine entsprechende körperliche Physis sowie Schwindelfreiheit in größerer Höhe.

MOBILER BODENSITZ

In einem Jagdgebiet kommt es des Öfteren vor, dass ein interessanter Bock genau dort seinen Einstand hat oder Wildschweine ausgerechnet dort ein Maisfeld überfallen, wo gerade keine Reviereinrichtung verfügbar ist. Wenn die Höhe der Reviereinrichtung nicht unbedingt eine Rolle spielt (weil beispielsweise ein Gegenhang ausreichend Kugelfang gewährleistet), bietet sich ein mit wenigen Handgriffen direkt im Revier zusammenstellbarer Bodensitz an, der noch dazu mit dem Pkw im zerlegten Zustand einfach transportiert werden kann. Dieser Bodensitz ist so konstruiert, dass er nicht nur in kurzer Zeit montiert werden kann, sondern auch einen möglichst hohen Schießkomfort bietet. So steht auch einem Schuss über größere Distanzen nichts im Weg.

Bauteile

Die hier vorgestellte Konstruktion besteht aus sechs Bauteilen, welche an Ort und Stelle rasch zu einem Bodensitz zusammengebaut werden können. Als Materialien kommen Holzlatten, Hartfaserplatten und ein Holzbrett zum Einsatz.

Seitenwangen

Der erste Schritt ist die Fertigung der beiden Seitenwangen, wobei zunächst vier Holzlatten (A, B, C, D) im Querschnitt 30×50 mm in jeweils doppelter Ausführung (für zwei Seitenwangen) auf die richtige Länge zugeschnitten werden (siehe Grafik auf Seite 225). Dazu eignet sich am besten eine Kappsäge. Die Kanten des sägerauen Schnitts sind anschließend mit Schleifpapier zu „brechen“. Jetzt fehlen nur noch jene zwei zugeschnittenen Hartfaserplatten mit 4 mm Stärke (E), die der jeweiligen Seitenwange die notwen-

Der hier vorgestellte Bodensitz besteht aus sechs Bauteilen, welche an Ort und Stelle rasch zusammengebaut werden können.

dige Stabilität verleihen. Nachdem die einzelnen Komponenten laut Plan in die richtige Position gebracht worden sind, gilt es nun, die Verbindungsstellen mit Holzschrauben zu fixieren. Diese Verbindungsstellen sollten zusätzlich mit Holzleim verklebt werden. Die Anzahl, Dimension und Position der benötigten Holzschrauben ist in der Tabelle auf Seite 226 ersichtlich, wobei insgesamt nur drei unterschiedlich dimensionierte Holzschrauben benötigt werden. Wichtig dabei ist, dass die Holzschrauben bei der Befestigung zweier Holzlatten diagonal (schräg) zueinander versetzt angeordnet und jeweils aus gegenseitiger Richtung geschraubt werden. Damit es nicht zum Aufreißen des Holzes kommt, sollte man vorbohren. Durch den Einsatz von Schrauben mit Teilgewinde werden beide Komponenten zueinander gezogen. Dies gilt auch für die weiteren Bauteile. Die Hartfaserplatten werden mit Vollgewindeschrauben in der Dimension 3,5×20 mm laut Plan befestigt.

Einzelteile (A bis L) des mobilen Bodensitzes sowie die zu verwendenden Verbindungsmittel (1, 2 und 3). Die dazugehörigen Materiallisten samt Verbindungsmittel finden Sie auf Seite 226.

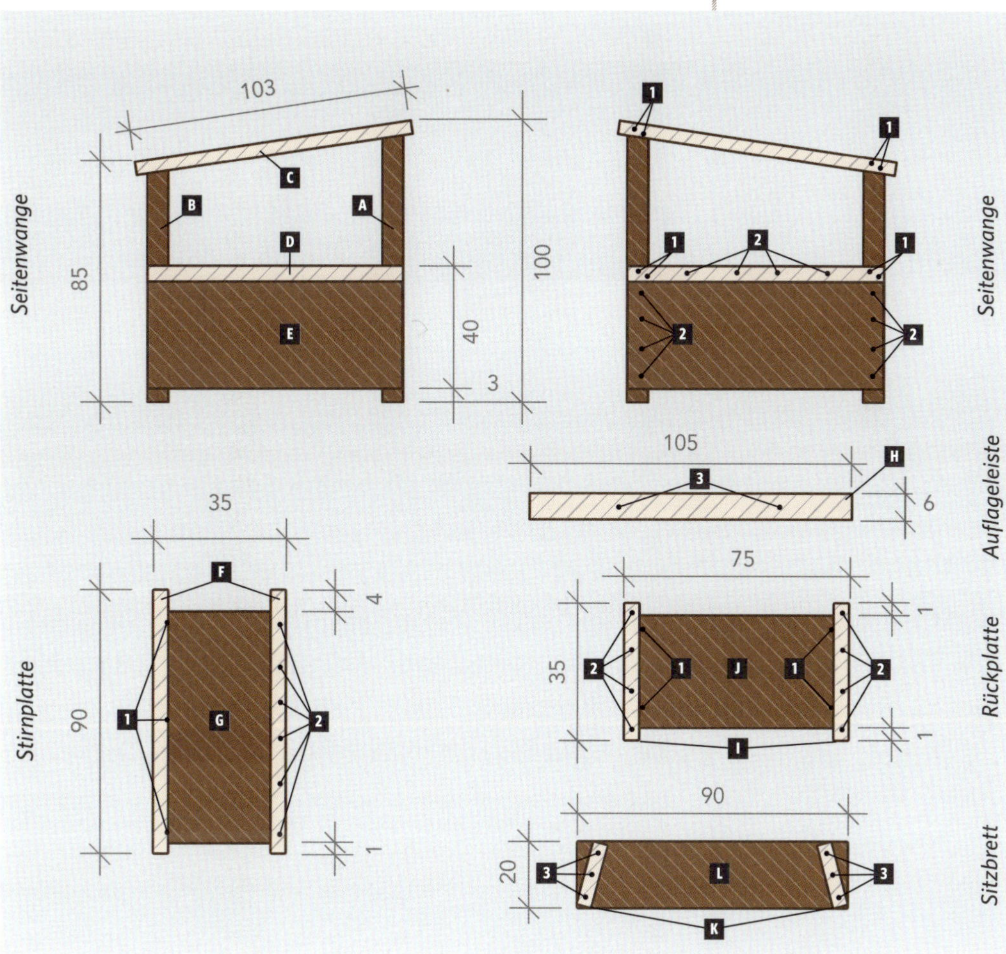

Die Materiallisten fassen alle verwendeten Komponenten und Verbindungsmittel zusammen.

Bezeichnung	Stück	Material	H×B×L (cm)
Seitenwangen (2 Stück)			
A	2	Holzlatte	3×5×100
B	2	Holzlatte	3×5×85
C	2	Holzlatte	3×5×103
D	2	Holzlatte	3×5×100
E	2	Hartfaserplatte	0,4×40×100
Stirnplatte (1 Stück)			
F	2	Holzlatte	3×5×95
G	1	Hartfaserplatte	0,4×35×90
Auflageleiste (1 Stück)			
H	1	Holzlatte	2×6×105
Rückplatte (1 Stück)			
I	2	Holzlatte	3×5×35
J	1	Hartfaserplatte	0,4×33×75
Sitzbrett (1 Stück)			
K	2	Holzleiste	2,5×3×18
L	1	Holzbrett	2,5×20×90

Bezeichnung	Stück	Material	Ø×L (mm)	Typ
Seitenwangen (2 Stück)				
1	16	Holzschraube	5×50	Teilgewinde
2	24	Holzschraube	3,5×20	Vollgewinde
Stirnplatte (1 Stück)				
1	6	Holzschraube	5×50	Teilgewinde
2	12	Holzschraube	3,5×20	Vollgewinde
Auflageleiste (1 Stück)				
3	2	Holzschraube	4×45	Teilgewinde
Rückplatte (1 Stück)				
1	4	Holzschraube	5×50	Teilgewinde
2	8	Holzschraube	3,5×20	Vollgewinde
Sitzbrett (1 Stück)				
3	6	Holzschraube	4×45	Teilgewinde

Bezeichnung	Stück	Material	Ø×L (mm)	Typ
1	26	Holzschraube	5×50	Teilgewinde
2	44	Holzschraube	3,5×20	Vollgewinde
3	8	Holzschraube	4×45	Teilgewinde

Links: Schnell zusammengeschraubt, günstig und mobil – der Bodensitz für eilige Einsätze.
Rechts oben: Die sechs Bauteile des Bodensitzes (v. o. n. u.): Auflageleiste, Stirnplatte, Seitenwangen, Rückplatte und Sitzbrett.
Rechts unten: Die lange Auflageleiste bietet einen breiten Aktionsraum. Beim Schuss nach links (Rechtsschütze) können damit beide Ellbogen abgestützt und das Ruheverhalten so verbessert werden.

Stirnplatte

Dieser Bauteil besteht aus zwei gleichen Holzlatten (F) im Querschnitt 30×50 mm und einer 4 mm starken Hartfaserplatte (G) im Format 90×35 cm. Wie im Plan auf Seite 225 ersichtlich, werden beide Latten mit der schmäleren Seite (25 mm) und mit 1 cm Überstand entlang der äußeren Kante der Platte verleimt und verschraubt. Der Überstand hat den technischen Hintergrund, dass bei feuchtem Untergrund die Platte nicht ständig Feuchtigkeit saugt und Bodenunebenheiten besser ausgeglichen werden. Entlang jeder Holzlatte ist mit jeweils 6 Stück Holzschrauben (2) in der Dimension 3,5×20 mm (Vollgewinde) die Platte mit den Holzlatten zu verschrauben (vorbohren nicht vergessen). Auf den Innenseiten der beiden Holzlatten (50 mm) werden drei Holzschrauben (1) mit 5×50 mm, etwa an den Stellen, die am Plan ersichtlich sind, vorgebohrt und die Schrauben nur etwa 2 cm tief eingeschraubt (Montagevorbereitung). Diese jeweils drei Schrauben verbinden die Stirnplatte in weiterer Folge mit den jeweiligen Seitenwangen.

Rückplatte

Damit der Bodensitz rundum geschlossen wird, fehlt nur noch die Rückplatte, welche wie die Stirnplatte ebenfalls aus zwei Holzlatten (I) und einer Hartfaserplatte (J) besteht. Die Vorgangsweise entspricht jener der Stirnplatte, nur gibt es zur Verbindung mit den Seitenwangen aufgrund der geringeren Lattenlänge je Seite nur zwei Holzschrauben (1) und für die Befestigung der Hartfaserplatte nur vier Schrauben (2). Auf den Überstand von 1 cm ist auch hier zu achten. Sich aus der Geometrie ergebend, sind somit - von oben betrachtet - beide Seitenwangen schräg nach vorn (zur Stirnplatte) zulaufend angeordnet.

Sitzbrett
Bei diesem Bodensitz steigt man von hinten über die Rückplatte und das Sitzbrett, um dann die Sitzposition einzunehmen. Das Sitzbrett (L) aus Holz im Format 20×90 cm weist eine Stärke von 25 mm auf. Es wird zuerst auf den horizontalen Mittellatten der beiden Seitenwangen bis ganz nach hinten geschoben und mittig ausgerichtet, sodass links und rechts der gleiche Abstand gegeben ist. Mit einem Bleistift wird dann auf der Unterseite des Sitzbretts entlang der Mittellatten ein Strich gezogen. Dort wird danach jeweils links und rechts eine Leiste (K) montiert. Diese wird mit dem Sitzbrett mit je drei Holzschrauben (3) verschraubt. Diese Leisten verhindern das seitliche Wegrutschen des Sitzbretts.

Auflageleiste
Für den jagdlichen Einsatz fehlt nur noch die auffällig lange Auflageleiste, welche dem Vorderschaft der Büchse als Auflage dient und zugleich einen großen Aktionsradius für Rechts- als auch Linksschützen bietet. Dazu wird eine Holzlatte (H) mit einer Länge von 105 cm, einer Breite von 6 cm und einer Stärke von 20 mm gewählt. Dieser Bauteil wir nun auf den vorderen Stehern der beiden Seitenwangen mittig eingerichtet. Nach dem Vorbohren in die beiden schräg zurücklaufenden oberen Latten der Seitenwangen wird die Auflageleiste festgeschraubt. Diese Verbindung wird nicht geleimt, weil sie bei der Demontage wieder gelöst wird. Aus konstruktiver Sicht ist der Bodensitz nun fertig und einsatzbereit.

Montage in Windeseile

Tatsächlich sind die sechs Bauteile mit 12 Schrauben in wenigen Minuten verbunden, und der Bodensitz ist für den jagdlichen Einsatz bereit: Kofferraum auf, Akkuschrauber heraus und los geht's! Man beginnt mit der Stirnplatte und verbindet diese nacheinander mit jeweils drei Schrauben (1) mit den beiden Seitenwangen. Anschließend wird die Rückplatte mit zwei Schrauben (1) zuerst an den hinteren Steher der einen und dann der anderen Seitenwange montiert. Dazu muss die Rückplatte etwas gebogen werden, wobei sich auch die Stirnplatte etwas mitbiegt. Jetzt noch mit zwei Schrauben (3) die Auflageleiste fixieren und das Sitz-

Der mobile Bodensitz ist so konstruiert, dass er nicht nur in kurzer Zeit montiert werden kann, sondern auch einen möglichst hohen Schießkomfort bietet. So steht auch einem Schuss auf größere Distanzen nichts im Weg.

brett auflegen. Wer sich dem Hintergrund einigermaßen anpassen möchte, kann den Bodensitz noch mit einem Tarnnetz versehen; wer den Bodensitz traditionell verblenden will, tut dies zum Beispiel mit Fichtenästen.

MOBILE KANZELN

Wenn Wildschweine über Nacht ein Maisfeld überfallen und dort „schlachtfeldähnliche Zustände" hinterlassen, heißt es nichts wie raus ins Revier, um in der nächsten Nacht einem weiteren Wildschaden entgegenzuwirken. Für längere Ansitze - insbesondere bei tieferen Temperaturen - verspricht ein mobiler (offener) Bodensitz oftmals nicht genügend Komfort. Für solche Zwecke eignen sich jedoch perfekt mobile (geschlossene) Kanzeln, die in Windeseile per Zugfahrzeug (zum Beispiel mit Pkw oder Traktor) zum Aufstellungsort gebracht und dort abgestellt werden können. Derartige mobile Kanzeln bestehen in der Regel aus einer geschlossenen Kanzel, welche auf einem fahrbaren Montagerahmen oder Untergestell (Fahrwerk) montiert ist.

Beim Verbringen der mobilen Kanzel sollte jedenfalls auf eine entsprechende Zufahrtsmöglichkeit geachtet werden, die aufgrund der Kippgefahr keine zu starke Querneigung aufweist. Das Fahrwerk besteht in der Regel aus zusammengeschweißten Stahlprofilen (mit Rostschutz), wodurch dieser auch stabil ist und den Belastungen während der Fahrt standhält. Diese Belastungen auf die Konstruktion sind umso größer, je höher die Bauhöhe ist und gleichbedeutend der Konstruktionsschwerpunkt liegt. Eine maximale Aufbauhöhe (Kanzeloberkante) von 4 m ist einzuhalten.

Mit mobilen Kanzeln kann der Jagdbetrieb sehr flexibel gestaltet werden, eine günstige Zufahrtsmöglichkeit vorausgesetzt.

Durch die eher geringe Abschusshöhe müssen die Kugelfangverhältnisse besonders berücksichtigt werden. Es ist fahrlässig, eine mobile Kanzel an einem kugelfangtechnisch ungünstigen Ort aufzustellen, nur weil dort Wildschweine in der letzten Nacht sichtlich den Boden aufgebrochen haben. Bei jedem Schuss ist ausreichender Kugelfang unerlässlich! Oftmals muss die Kanzel nur um 30 m versetzt werden, und schon bietet ein auflandiges Gelände die erforderliche Sicherheit. Besonders in der Dunkelheit wird die Sicherheitseinschätzung schwieriger, weshalb bereits mit dem Aufstellen einer mobilen Kanzel ein großer Beitrag für die Sicherheit erfolgt.

Das Terrain am definitiven Aufstellungsort sollte möglichst eben sein. Damit ein Kippen über die Achse (vor allem bei ein-

achsigen Fahrwerken) verhindert wird, werden in der Regel vorne an der Deichsel und hinten beidseitig Abstellstützen auf Fundamente (Bodenaufstandsvergrößerung) gestellt. Als Diebstahlschutz werden gerne demontierbare Anhängekupplungen verwendet. Unterlegskeile wirken einem Wegrollen entgegen.

Nachdem mobile Kanzeln über öffentliche Straßen ins Revier gebracht werden, müssen sie dementsprechend verkehrstauglich sein. Wird dabei eine Geschwindigkeit von 10 km/h nicht überschritten, ist keine Typisierung notwendig. Eine dementsprechende Aufschrift „10 km" ist dabei genauso erforderlich wie zwei Rückstrahler, die an den beiden äußeren Rändern (links und rechts) anzubringen sind. Eine Typisierung kann beim TÜV vorgenommen werden.

Bei einem derartig flachen Gelände sind aus Sicherheitsgründen nur kurze Schüsse von der mobilen Kanzel aus möglich (Kugelfang).

WER DAHINTERSTECKT

DER BUCHAUTOR

Dipl.-Ing. Dominik Steinhauser, MBA (geb. 1989 in Wien, lebt in Wien und im niederösterreichischen Waldviertel) ist Bauingenieur und hat sein Studium an der Technischen Universität Wien im Jahr 2013 abgeschlossen. Das Bauen war schon als kleines Kind seine große Leidenschaft. Damals waren es noch einfache Bausteine aus Holz, heute wirkt er bei der Umsetzung von internationalen Großbauvorhaben mit. Ein weiteres Studium im Bereich Immobilienmanagement rundet seine bisherige berufliche Laufbahn ab. Bereits in der Kindheit war sein Interesse für die Jagd sehr groß. So kommt es, dass er mit 16 Jahren die Jagdprüfung abgelegt hat und von seinem Vater, Norbert Steinhauser, zu einem fermen, facettenreichen Jäger „geformt" wurde. Die Jagd war in seinem Leben also schon immer ein wichtiger Bestandteil, daher verbrachte er schon in seiner Jugend viel Zeit im Revier. Dort wurde auch seine Leidenschaft für den Hochstandbau geweckt.

Seit vielen Jahren zählt er zu jenen Autoren, die regelmäßig im Jagdmagazin „Österreichs Weidwerk" publizieren. Seine Artikel befassen sich vorrangig mit dem Thema Hochstandbau. Es ist ihm dabei ein großes Anliegen, den Lesern hilfreiche und konstruktive Tipps und Tricks mitzugeben, um damit einen Beitrag zur Sicherheit und insbesondere zur Vermeidung von Unfällen zu leisten. Auf Jagdmessen wird er gerne engagiert, um praxisnahe Vorträge über dieses Thema zu halten. Weiters ist er als gerichtlich beeideter Sachverständiger für den Hochstandbau tätig. Für den Niederösterreichischen Jagdverband setzt er sich im Rahmen der Jungjägerausbildung als Schießtrainer ein. Mit der Veröffentlichung dieses Buches erfüllt er sich einen jahrelang gehegten Wunsch.

Dominik Steinhauser ist Bauingenieur, gerichtlich beeideter Sachverständiger für Hochstandbau und Schießtrainer.

DAS ENDE IST ERST DER ANFANG

Als mir Dominik Steinhauser sein Manuskript in die Hände gedrückt hat, habe ich bereits beim Durchblättern gewusst, dass daraus ein Buch entstehen wird, das seinesgleichen sucht. Ein Buch, das viele Facetten des Hochstandbaues offenlegt, aber auch Kompendium und Nachschlagewerk für Jäger ist, die fest entschlossen sind, beim Bau von Kanzeln, Schirmen & Co selbst Hand anzulegen. Und das sind wohl die allermeisten von uns.

Nun, ich kann mich beim Layouten des Buches an Situationen erinnern, in denen ich am liebsten in die Werkstatt gegangen wäre, um eine Kanzel fürs Revier zu bauen. Zumindest aber habe ich mein Werkzeug überprüft, gewartet und ergänzt, für den Fall, dass ich ein solches Projekt starten würde. Anleitungen habe ich dank dieses Buches jedenfalls genug! Und eine wichtige Erkenntnis habe ich gewonnen: Wie ein sicherer, bequemer und jagdlich brauchbarer Hochstand gestaltet sein kann. Wie groß er im Idealfall ist, über welche Bauteile er verfügt, wie diese zu dimensionieren und zusammenzusetzen sind und welche Verbindungsmittel zur Wahl stehen.

Ein väterlicher Freund hat einmal zu mir gesagt: „Spare bei der Jagd nie am falschen Fleck!" Auch wenn diese Aussage auf so gut wie alle Bereiche (nicht nur jagdliche!) zutrifft, ist sie mir bei der Arbeit an diesem Buch in den Sinn gekommen. Wohl deswegen, weil ich mich an eine Situation im Baumarkt habe erinnern können, in der ich aus Kostengründen die günstigere Schraubenpackung in den Einkaufswagen gelegt habe. Heute weiß ich, dass ich den Sparstift dort nicht mehr ansetzen werde, wo doch mein Leben (und auch das anderer Menschen) davon abhängen könnte. Auch die periodische Sicherheitsüberprüfung von Reviereinrichtungen mit einem eigenen Protokoll gilt aus meiner Sicht als echter Meilenstein, da der Zahn der Zeit an allem nagt - auch an unseren geliebten Hochständen. Und die Geschichte, die Dominik Steinhauser auf Seite 12 darlegt, hat mich - und wahrscheinlich auch Sie - zum Nachdenken angeregt. Stellen Sie sich vor, Sie steigen noch vor dem Sonnenaufgang auf einen Hochstand und die vorletzte Sprosse bricht ... Es könnte der letzte Ansitz gewesen sein.

Es ist die enorme Vielfalt, die Österreichs Reviere so einzigartig macht. Diese Vielfalt der Lebensräume sowie der darin lebenden Wildtiere spiegelt sich auch in den jagdlichen Einrichtungen - von Bregenz bis Eisenstadt - wider. Diese werden innerhalb der Jägerschaft gerne auch als „Spiegel der Seele" gesehen, weil man aus ihrem Erscheinungsbild nicht selten Charaktereigenschaften des Erbauers ableiten kann. Ich für meinen Teil freue mich beim Jagen im eigenen Revier, wenn ich auf einem Hochstand Platz nehmen kann, welcher nicht nur sicher und gut gewartet, sondern auch ansehnlich und gepflegt ist. Ein Spiegel, in den meine Jagdkollegen und ich gerne blicken.

Und wenn wir nun am Ende dieses Buches angelangt sind, stehen wir vielleicht vor einem Neuanfang. Nämlich dann, wenn wir unsere bisherigen Hochstandbau-Erfahrungen auf den Prüfstand stellen, kritisch hinterfragen und vielleicht sogar revidieren. Sollte das an dieser Stelle geglückt sein, hat das Buch „Hochstandbau" sein Ziel erreicht.

Ihr Martin Grasberger,
Chefredakteur WEIDWERK und HUBERTUS

GLOSSAR

LITERATUR

- NÖ Jagdgesetz.
- NÖ Bauordnung.
- Zimper, Heinz: WEIDWERK 4/2020, Seite 48 ff., und 6/2020, Seite 44 ff.
- Orsini und Rosenberg, Wolfgang: WEIDWERK 6/2018, Seite 48 ff.
- Sozialversicherung für Landwirtschaft, Forsten und Gartenbau (SVLFG), B12 Broschüre „Sichere Hochsitzkonstruktionen", Stand: 11/2021.
- ÖNORM EN 1995-1-1, Eurocode 5: Bemessung und Konstruktion von Holzbauten, Teil 1-1: Allgemeines - Allgemeine Regeln und Regeln für den Hochbau, Ausgabe: 2019-06-01.
- Bauarbeiterschutzverordnung für Erdbau.
- NATURWERK Klettersitz KS17 PRO (Bedienungsanleitung).
- Baustofflehre Werkstofftechnologie & Brandsicherheit: Holz, Institut für Hochbau und Technologie, TU Wien, Heinrich Bruckner, Ulrich Schneider, 22. Auflage, 2014.

IMPRESSUM

- Layout, Lektorat & Produktionsleitung: Ing. Martin Grasberger
- Illustrationen: DI Jakob Wallner
- Assistenz: Angela Pleyel
- Druck: Druckerei Ferdinand Berger & Söhne GmbH, Horn
- Repro: R12, Wien
- ISBN: 978-3-85208-178-6.

Fotos:
- Christoph Burgstaller
- Martin Grasberger
- Wolfgang Hauer
- Rupert Hofbauer
- Michael Migos
- Helene Renner
- Markus Schmutz
- Josef Schwarzenbacher
- Dominik Steinhauser
- Norbert Steinhauser

Österreichischer Jagd- und Fischerei-Verlag
Wickenburggasse 3
1080 Wien
Internet: https://jagd.at
E-Mail: verlag@jagd.at

BUCHTIPPS

Geschoßwirkung und Kugelfang
Norbert Steinhauser

192 Seiten, mehr als 130 Farbfotos.
Exklusiv in Leinen.

Schießtechnische Fragen werden in diesem Buch leicht verständlich abgehandelt. Zahlreiche Fallbeispiele - etwa zum Thema Kugelfang - zeigen, was geht und was nicht.
€ 35,-

Büchse
Norbert Steinhauser

216 Seiten, mehr als 150 Farbfotos.
Exklusiv in Leinen.

Ein Volltreffer für Jäger und Schützen, die ihre Büchse richtig verstehen und mit ihr auch sicher umgehen wollen.
€ 35,-

Birschgänge
Bruno Hespeler

240 Seiten, 21 Farbfotos.

Das Buch erzählt Erlebtes zu jeder Woche des Kalenderjahres, zu jedem Monat des Jagdjahres; von der Schnepfenjagd über die Hahnenjagd, vom Rehwild über die Hirschbrunft bis zum Fuchspassen.
€ 29,-

ÖSTERREICHISCHER JAGD- UND FISCHEREI-VERLAG
1080 Wien, Wickenburggasse 3

Tel. +43/1/405 16 36-25, Fax +43/1/405 16 36-59
E-mail: verlag@jagd.at
Internet: www.jagd.at